"十三五"应用型人才培养规划教材

软装与陈设艺术设计

吕从娜　李红阳　编著

清华大学出版社

北　京

内 容 简 介

本书主要介绍了软装与陈设艺术设计的方法和程序,以及课程的基础适用性、科学性和实践性,不仅着眼于艺术设计类专业,也适合其他艺术专业的基础教学要求。本书内容借鉴并吸纳了国内外同类著作和教材的有关论述,以简明实用为原则进行编写,致力于加强学生的审美眼光、创新意识和应用能力的培养。另外,本书通过大量的优秀案例直观解读教学设计,为初学者和专业教师提供了难得的借鉴资料。

本书既可作为普通高等院校环境设计、室内设计、环境艺术设计类专业的教材,也可作为广大艺术设计爱好者入门学习的参考用书。

图书在版编目(CIP)数据

软装与陈设艺术设计/吕从娜,李红阳编著.—北京:清华大学出版社,2020(2024.8重印)
"十三五"应用型人才培养规划教材
ISBN 978-7-302-54152-3

Ⅰ.①软… Ⅱ.①吕… ②李… Ⅲ.①室内装饰设计—高等学校—教材 Ⅳ.①TU238.2

中国版本图书馆 CIP 数据核字(2019)第 242520 号

责任编辑:张龙卿
封面设计:徐日强 陈禹竹
责任校对:赵琳爽
责任印制:丛怀宇

出版发行:清华大学出版社
  网 址:https://www.tup.com.cn,https://www.wqxuetang.com
  地 址:北京清华大学学研大厦 A 座   邮 编:100084
  社 总 机:010-83470000   邮 购:010-62786544
  投稿与读者服务:010-62776969,c-service@tup.tsinghua.edu.cn
  质量反馈:010-62772015,zhiliang@tup.tsinghua.edu.cn
  课件下载:https://www.tup.com.cn,010-83470410
印 装 者:北京博海升彩色印刷有限公司
经 销:全国新华书店
开 本:210mm×285mm 印 张:11.75 字 数:334 千字
版 次:2020 年 1 月第 1 版 印 次:2024 年 8 月第 8 次印刷
定 价:69.00 元

产品编号:082027-02

序

　　在从事环境艺术设计方面的教学和实践的几十年过程中，本人尤其对室内空间设计的感悟颇深。如今传统的装修设计只做表面文章的设计思维模式已经成为过去时，装饰是空间建构中文化的提升和审美的提高，符合当下人们生活方式和审美价值取向的需求，也为室内空间赋予了更多的情感和生活体验，因此，软装与陈设设计已成为室内空间必不可少的设计环节和重要组成部分。

　　在国内本科艺术设计教育体系下，培养应用型人才，服务于社会，满足人们对舒适生活环境日益增长的需求，是当下艺术设计教育的目标和定位。引导提升人们审美趣味和对享受物质的品质，是室内设计师的义务和责任。而在当下的室内设计教学和实践中，一般都将陈设艺术作为建筑内部环境中人的心灵角度思考，非应用设计，因此，陈设艺术在传统的美术学院中一直处于辅助教学范畴。

　　该书从设计应用的角度全面系统地介绍了室内空间软装与陈设设计的使用方法，具有可操作性。其中，软装设计风格、色彩搭配、设计流程与方案制作章节更具创新性，不仅有基础理论知识讲解，更多的是总结了软装与陈设设计的应用，符合应用型本科院校环境设计专业学生的教学使用要求。同时，本书也为环境设计专业的教师提供一本内容更加丰富且颇具实用价值的优秀参考教材。

鲁迅美术学院建筑艺术设计学院教授　张旺

2019 年 6 月

前　言

　　软装与陈设艺术设计是环境设计专业、室内设计专业、环境艺术设计专业必修的专业课程之一,软装设计师是目前市场比较热门的岗位,企业需要大量这方面的人才。进行软装设计时,设计师必须掌握软装设计的各环节及设计理论知识和实践知识。

　　本书汇集了编著者多年的设计实践经验,也是编著者在高等院校教育工作的研究总结,并在征求了20余家企业意见的基础上与企业相关设计师联合编写了本书。

　　为了培养读者成为真正的设计师,本书从实战出发,从“零”出发,使读者即使没有基础也可以学会软装与陈设艺术设计的方法和程序。本书不仅包含了全面的理论知识,更注重实践能力。本书通过不同的案例进行理论分析,使读者掌握不同设计风格的配饰设计方法和要点,加速提升读者的设计能力。

　　本书由沈阳城市建设学院吕从娜、李红阳老师编著。全书共六章,采用理论与实践相结合的方式讲述,在理论部分加入工程案例,使读者更好地掌握软装与陈设艺术设计的设计方法。

　　第一章到第五章是基础理论部分,系统讲述软装与陈设艺术设计的概述和设计元素、设计风格、色彩运用、设计流程及方案制作,以便让读者了解软装与陈设艺术设计的基本理论知识和设计方法。近几年软装与陈设艺术设计越来越受到人们的青睐,在本书第四章加入了软装色彩的运用,使得本书内容更加实用。第五章介绍软装设计的流程及方案制作,结合设计师多年的工作经验及企业工程案例将这部分内容进行系统的编写,使其更加符合应用型高校的培养要求。第六章是案例欣赏部分,主要介绍软装设计行业的优秀案例,了解行业的前沿设计。

　　本书在编写过程中吸取了其他教材中好的素材和经验,在这里对相关作者表示感谢。沈阳市山石空间装饰设计工程有限公司赵磊先生、栾兰女士,北京菲莫斯软装设计集团王梓羲女士,遵化锦楠装饰设计中心赵芳节先生,传富饰家京陵软装设计与生活有限公司张力先生,东易日盛家居装饰集团股份有限公司南京分公司赵兵先生,对本书的编写给予大力协助,在此编著者表示衷心的感谢。

编著者

2019 年 6 月

目　录

第四章 室内设计的色彩运用

第五章　软装与陈设艺术设计的设计流程及方案制作

第六章　案例赏析

参考文献

第一章
软装与陈设艺术设计概述

第一节　软装设计的概念

　　软装设计是整体环境、空间美学、陈设艺术、生活功能、材质风格、意境体验、个性偏好,甚至风水文化等多种元素的创造性融合。软装设计是室内设计中的重要环节,是将某个特定空间内的家具陈设、家居配饰等元素通过理性的设计手法将空间的意境呈现出来。软装设计根据设计范畴,可分为家居空间和商业空间,如酒店、会所、餐厅、酒吧、办公空间等,如图 1-1 ～ 图 1-4 所示。

✛ 图 1-1　客厅空间

✛ 图 1-2　餐厅空间

⊕ 图1-3　新中式餐厅包间

⊕ 图1-4　新中式售楼处

第二节　陈设艺术设计的作用

陈设艺术设计不仅可以柔化室内空间、改善空间形态，还可以烘托室内氛围、强化室内风格，具有调节室内环境色调、体现地域特色及个人爱好的作用。能够有效地发挥陈设艺术设计在室内空间的作用，为我们创造出和谐统一的空间环境。

1．柔化室内空间、改善空间形态

室内陈设艺术品可以给人愉悦的心理感受，柔化了硬装设计带给人们的冰冷感受，同时，随着四季、年龄、审美的变化，空间的装饰形态也可以随时改变，这份灵活及随性，是陈设设计所独有的，如图1-5和图1-6所示。

⊕ 图 1-5 优雅的夏日起居室

⊕ 图 1-6 温暖的北国客厅

2．烘托室内氛围、强化室内风格

和谐的室内氛围及风格,不仅需要硬装设计打好基础,同时需要陈设艺术设计与之配合。陈设艺术设计所表现出的色彩、图案、造型、材质均具有特定的装饰特征,在表现室内氛围及装饰风格上具有事半功倍的效果,如图 1-7 所示。

⊕ 图 1-7 现代时尚风格客厅设计

3．调节室内环境色调

在室内空间设计中，陈设艺术品有效丰富了整体空间。家具在空间中的面积超过 40%，其色彩也必将影响整个空间的主体色调。窗帘、床品、装饰画、靠包等艺术饰品的色彩，对整个空间的色调起到点缀作用，如图 1-8 和图 1-9 所示。

⊕ 图 1-8　现代简约的客厅　　　　　　　　　⊕ 图 1-9　简约时尚的卧室

4．体现地域特色

在陈设艺术设计中，利用家具、灯具、布艺、装饰画、装饰品、花艺六大元素，可以打造出不同风格的室内环境，如图 1-10 和图 1-11 所示。

⊕ 图 1-10　现代餐厅设计

☝ 图 1-11　儿童房

第二章
软装与陈设艺术设计的元素

在软装与陈设艺术设计过程中,需要掌握软装与陈设艺术设计的六大元素,即家具、布艺、灯具、装饰画、陈设艺术品和花艺。六大元素之间相互影响和制约且需要同时考虑。室内空间情感及意境的传达,通过软装与陈设艺术六大元素的相互配合来达到强化室内风格、烘托室内氛围、调节环境色调的目的。

第一节 家 具

家具的布置是软装与陈设艺术设计的重要组成部分,它不仅可以决定整体空间的风格走向和主体色彩,还决定了室内空间的流动性。家具是整体环境的有机组成部分,任何一件家具都不可孤立地存在,它受周围环境因素的制约,同时又对整体环境产生影响。

一、欧式古典家具发展史

现代欧式古典家具主要以法、英两国 17 世纪中叶以后的巴洛克、洛可可、新古典时期的家具造型为主要参考,结合传统造型、现代材料、工艺手法及包覆面料,以其独特的姿态,形成了独具特色的现代欧式古典家具。

1. 法式家具

(1) 法式巴洛克家具

从 16 世纪末到 17 世纪初,整个欧洲的艺术风格进入了巴洛克时代。"巴洛克"一词源于葡萄牙文 BARROCO,意指畸形的珍珠,同时含有不整齐、扭曲、怪诞的意思。巴洛克风格以浪漫主义精神作为形式设计的出发点,一反古典主义的严肃、拘谨、偏重于理性的形式,而赋予了更为亲切、柔和的抒情效果。它摒弃了古典主义造型艺术上的刚劲、挺拔、肃穆、古板的遗风,追求宏伟、生动、热情、奔放的艺术效果,如图 2-1 和图 2-2 所示。

巴洛克家具的成就表现在以下四个方面。

① 剔除了堆砌建筑造型装饰的倾向,利用多变的曲面使家具的腿部呈 S 形弯曲,如图 2-3 所示。

② 采用花样繁多的装饰手法,进行大面积的精致雕刻、金箔贴面、描金涂漆处理,如图 2-4 所示。

③ 在坐卧类家具上大量用纺织面料包面,如图 2-5 所示。

④ 在造型上,将富有表现的细部加以集中处理,使之服从于整体结构,从而加强了整体造型的统一,开创了家具设计的新方向。

⚑ 图 2-1　法式巴洛克宫殿卧室图

⚑ 图 2-2　法式巴洛克宫殿内书房

⚑ 图 2-3　法式巴洛克路易十四时期圆边几

⚑ 图 2-4　法式巴洛克路易十四时期主人床

⚑ 图 2-5　法式巴洛克路易十四时期扶手椅

（2）法式洛可可家具

18世纪初，受东方艺术的影响，在欧洲洛可可风格的室内空间中，墙面设计上常用曲线造型，色彩上更加柔美、典雅。洛可可保留了巴洛克风格复杂的形象和精细的图纹，并逐步与东方艺术相融合。洛可可风格的出现，扭转了略显狂躁的巴洛克艺术，让淡雅、柔美的室内空间重新回归人们的视野。

洛可可家具排除了巴洛克家具造型装饰中追求豪华、故作宏伟的成分，吸收并夸大了曲面多变的流动感，以复杂的波浪曲线模仿贝壳、岩石的外形，致力于追求运动中的纤巧与华丽，强调了实用中的轻便与舒适，如图 2-6 所示。

✪ 图 2-6　法式洛可可路易十五时期室内装饰

　　18 世纪初,沙龙文化在法国贵族间形成,故此,柔美纤细的洛可可风格正在悄然走来,与此同时,为了适应沙龙文化而专门设计生产的家具也登上了历史的舞台,如图 2-7 所示。

✪ 图 2-7　法国沙龙文化

　　花样繁多的椅子,如弗提尤、贝尔杰尔、侯爵夫人椅、角椅、卡纳排、组合椅、躺椅等,现在仍非常流行,如图 2-8 所示。

弗提尤

贝尔杰尔

侯爵夫人椅

角椅

卡纳排

组合椅

躺椅

✛ 图 2-8　为沙龙文化设计的种类繁多的椅子

软装与陈设艺术设计

方便轻巧的华丽桌子,如咖啡桌、中心桌、边几等,如图2-9所示。

双层咖啡桌　　　　　　　　　　中心桌　　　　　　　　　　边几

⊕ 图2-9　方便轻巧的华丽桌子

标罗,即写字台。根据造型和尺寸分为男用、女用两种,如图2-10所示。

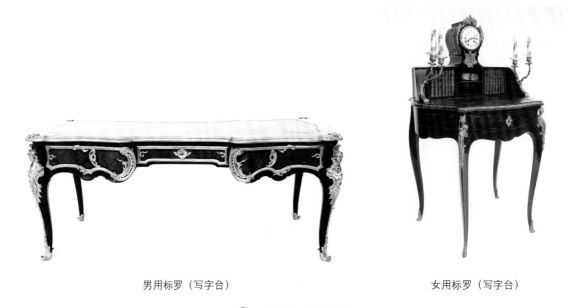

男用标罗(写字台)　　　　　　　　　　女用标罗(写字台)

⊕ 图2-10　法式标罗

(3) 法式新古典家具

1738年,考古学家先后挖掘出庞贝古城遗址和赫库兰尼姆遗址后,发现这与文艺复兴时期强调的学习古典主义大相径庭,由此欧洲艺术家兴起了追求古希腊艺术的优美典雅、古罗马艺术的雄伟壮丽的学习过程。在家具史上,以希腊、罗马家具作为新时代家具的基础,从而开始了真正的古典主义家具时期,称为新古典主义。

法式新古典家具以直线和矩形为造型基础,把椅子、桌子、床的腿变成了雕有直线的凹槽的圆柱,脚端又类似球体,减少了青铜镀金面饰,较多地采用了嵌木细工、镶嵌、漆饰等装饰手法。法式新古典家具整体概括为:精练、简朴、雅致;曲线少,直线多;涡卷装饰表面少,平直表面多;显得更加轻盈优美,家庭感更强烈,如图2-11所示。

路易十六时期扶手椅

路易十六时期卡纳排

路易十六时期标罗

路易十六时期中心桌

图 2-11　法式新古典家具

2．英式家具

（1）英国伊丽莎白时期家具

英国的文艺复兴始于亨利八世（1509—1547 年），盛行于伊丽莎白一世（1558—1603 年）时期。在伊丽莎白一世统治期间，英国发展成为欧洲最强大的国家之一，英格兰文化也在此时期达到了一个顶峰，在英国历史上称为伊丽莎白时期，也称为黄金时代。伊丽莎白一世时期的家具风格受到意大利、尼德兰（即荷兰）及德国的强烈影响，大批的优秀工匠从德国、尼德兰移居英国，使得英国的家具造型艺术登上了一个新台阶。英国民族有着坚强、刚毅的性格特点，体现在家具上就是采用单纯而刚劲的形式。拉桌是一种象征社会地位的家具，在上层社会人们的住宅中，餐厅内经常布置这种大型桌子。拉桌桌腿中央位置有很大的球形雕刻装饰，围板采用镶嵌装饰，如图 2-12 所示。

（2）英国前雅各宾时期家具

前雅各宾时期的家具受伊丽莎白时期家具风格的影响严重，几乎没有新的创造，代表作品是护壁板椅（如图 2-13 所示），也称为板形靠背椅。椅子靠背板上刻有家徽等图案，是礼仪场斩不可缺少的用具。椅子继承了哥特式高背椅的构成形式。桌腿及椅子腿大部分都是直腿或斜腿，球形装饰开始变小，橡木成为最常用的材料。

⊕ 图 2-12 拉桌

⊕ 图 2-13 护壁板椅

（3）英国威廉—玛丽式家具

从 17 世纪末至 18 世纪初，英国家具受到荷兰风格的影响，因此，这个时期的家具称为威廉—玛丽式或英国—荷兰式。由于当时胡桃木已大量取代橡木，因此又称为胡桃木时代。

威廉—玛丽式家具风格打破过去宏大和华丽的风格，形成一种唯英国本土所有的简洁、洗练的家具形式，腿部大都是旋切制部件，用 S 形拉杆连接，荷兰酒杯脚和涡卷脚是弯底脚的基本形式，还有喇叭形脚和馒头形脚，如图 2-14 所示。

（4）英国安妮女王式家具

整个 18 世纪是英国家具设计及室内装饰设计最有成效的黄金年代，分别经历了安妮女王式家具时期和齐宾泰尔式家具时期。安妮女王式家具以采用轻盈、优美、典雅的曲线著称，其主要特点是造型简练、装饰较少、比例匀称、曲线优雅、用胡桃木贴面。这一时期家具的优雅曲线广泛应用于椅子腿、桌子腿、餐几及烛台等家具的腿部造型，这种曲线被称为波状曲线。安妮女王时期最具有代表性的家具是薄板靠背椅、翼状椅、高脚抽屉柜，如图 2-15 所示。

威廉—玛丽式床凳

威廉—玛丽式扶手椅

⊕ 图 2-14　威廉—玛丽式家具

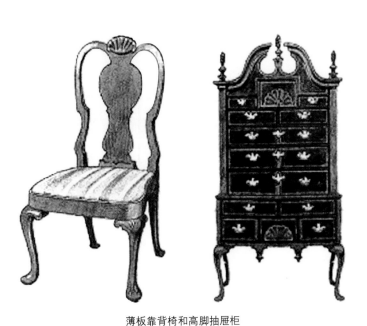

薄板靠背椅和高脚抽屉柜

翼状椅

⊕ 图 2-15　安妮女王式家具

（5）英国齐宾泰尔式家具

齐宾泰尔是英国家具界最有成就的家具师,他是第一个以自己的名字而命名家具的设计师。齐宾泰尔最有代表性的家具就是齐宾泰尔式座椅。它分为三类：透雕薄板靠背椅、围栏式靠背椅、梯状靠背椅,如图 2-16 所示。

（6）英国亚当式家具

英国新古典主义运动中较有代表性的家具风格为"亚当风格",这类家具形体规整,带有古典式的朴实之美,较有代表性的家具如下。

亚当式椅子：靠背多为方形、卵形及模仿克里思莫斯而设计的奖章靠背椅,如图 2-17 所示。

透雕薄板靠背椅

围栏式靠背椅

梯状靠背椅

✙ 图 2-16 英国齐宾泰尔式家具

　　大型家具主要有壁炉架、餐具柜、书柜。它们的造型吸取了门窗上的三角形、拱形檐饰及古典柱式檐饰等特点。特别是大型家具左右用于装饰的古典瓮，是亚当式家具的重要标志，如图 2-17 所示。

亚当式卵形靠背椅

亚当式书柜

✙ 图 2-17 英国亚当式家具

　　（7）英国赫普怀特家具

　　赫普怀特家具造型精练、装饰单纯、结构简单，适合于追求朴实的人们使用。赫普怀特的风格集中体现在椅子上，盾牌形靠背椅最能体现其特色，靠背的装饰物多为透雕镂空，如图 2-18 所示。

　　英国新古典盾牌形靠背椅的特点：断面方形、铲形腿、刀马状后腿、向内弯曲的扶手。桌子都是椭圆形、矩形等几何图形。最著名的是彭克罗克桌——餐桌左右有折叠翻板，中间有抽屉，如图 2-19 所示。

　　（8）英国谢拉顿家具

　　谢拉顿家具以直线为主导，强调纵向线条，喜欢用上粗下细的圆腿，而且家具腿的顶端常用箍或脚轮，如图 2-20 所示。

✿ 图 2-18 赫普怀特椅子

✿ 图 2-19 彭克罗克桌

✿ 图 2-20 带脚轮的桌子

谢拉顿椅子：靠背大部分呈方形，有精巧的雕刻；椅背的中间靠背板往往高于椅背上的横档；扶手呈弯曲形，从靠背向前伸出，与前腿向上伸出的支撑杆相连；座面略呈方形，前宽后窄，软垫椅子的座框外露，坐垫放在座框上，如图 2-21 所示。

单人椅

双人沙发

✿ 图 2-21 谢拉顿椅子和沙发

餐具柜和桌子都采用上粗下细的细长腿,腿与腿之间很少有拉档,如图 2-22 所示。

✛ 图 2-22 英国谢拉顿桌子

二、家具的摆放原则

在室内设计中,人的任何活动都离不开家具的参与。家具设计时确定的合理尺寸,决定了空间使用的舒适性;室内家具的合理布置,决定了空间使用的合理性;室内家具的风格,决定了空间的整体风格,它与空间界面要素相辅相成。

1. 家具与人体工程学

在室内空间设计中,家具设计要符合人体工程学。家具产品本身服务于人,所以家具设计时采用的尺寸、造型、工艺及使用方式,都必须满足人的生理、心理要求,并符合人类的活动规律,以达到安全、实用、方便、舒适、美观的目的,如图 2-23 所示。

✛ 图 2-23 宁波滨水别墅内景

2．家具的布置

家具的合理布置，决定了空间使用的合理性。在布置家具前，应对室内空间进行全面了解。首先，根据不同空间的使用要求，为其选择必要的功能家具；其次，根据空间风格，为其选择与空间风格统一的家具造型。只有同时做到以上两点，室内空间界面与家具才能互相影响，弥补原有环境的缺陷。

家具的摆放，还应考虑人们使用及通过时所需要的尺寸，这点经常被设计师忽略。家具在室内的摆放面积不宜超过室内总面积的 30% ～ 40%，如图 2-24 ～图 2-26 所示。

☎ 图 2-24　line+上海办公空间

☎ 图 2-25　北京北平机器纳福店

⊕ 图 2-26　深圳 HULOHULO 咖啡店

以某售楼处样板间为例，家具的具体摆放方法如下。

首先，根据室内硬装设计摆放家具，做到家具与硬装的完美结合。但要注意，卧室床头柜的摆放要为窗帘留出空间，如图 2-27 所示。

⊕ 图 2-27　廊坊孔雀城样板间主卧

其次，根据人视线的通透原则摆放家具。在客厅的主要动线处，不宜摆放靠背封闭且高于 1.1 米的椅子，应选择靠背通透且高度在 0.75 米以下的家具——单椅、坐凳等，如图 2-28 所示。

图 2-28　深圳 A1 雅舍样板间客厅

　　最后,根据人活动至上的原则摆放家具。卧室进深小于 3.8 米时,不宜摆放电视柜和床尾凳,应为人的通行留出足够空间。

　　掌握以上原则,设计师即可设计出合理的家具尺寸,选择合适的家具造型并合理摆放,成功地营造出满足人们居住及使用要求的家居环境,如图 2-29 所示。

图 2-29　深圳 A1 雅舍样板间老人房

第二节 布 艺

布艺是点缀品质生活和创造美的重要物品,是人类生活的好搭档。家具布艺、窗帘、床品、地毯、桌布、桌旗、靠包等,都可归到家纺布艺的范畴内。在室内设计中,运用不同的布艺材质、造型、图案及色彩进行搭配,犹如画家手中的画笔,能创作出不同凡响的室内空间。布艺可以柔化室内空间中生硬的线条,可以营造与美化居住环境,是居室设计中不可或缺的基本元素,如图 2-30 所示。

✛ 图 2-30 室内空间中的布艺搭配

一、布艺的材质分类

现代家居布艺中常用的材质分为两类:天然纤维和合成纤维。天然纤维是指利用天然生长的材料为原料加工而成的纤维,包括棉、毛、麻、丝等。合成纤维是化学纤维中的一大类,是石油化工工业和炼焦工业中的副产品,包括涤纶、锦纶、腈纶等。

二、布艺的经典图案

1．大马士革图案

　　大马士革图案是一种抽象的四方连续图案。大马士革城市是古代丝绸之路的中转站,东西方文明长期在此地碰撞和交汇。当地的民众因对中国传入的格子布花纹十分喜爱,在西方宗教艺术的影响下,改革并升华了这种四方连续的设计图案,将其制作得更加繁复、高贵和优雅。印有此图案的织物被大量生产,销往古西班牙、意大利、法国和英国等欧洲国家,很快就风靡于宫廷、皇室、教会等上流社会,自然地被所有人冠以 Damask(大马士革)的代称,如图 2-31 所示。

⊕ 图 2-31　大马士革花纹

2．佩斯利花纹

　　佩斯利花纹诞生于古巴比伦,兴盛于波斯和印度,图案源于印度教里的"生命之树"——菩提树叶或者海枣树叶,代表生命与永恒。18 世纪中叶,拿破仑在远征埃及的途中把带有这种纹样的克什米尔披肩作为纪念品带回法国,随即风靡整个欧洲上流社会,如图 2-32 所示。

3．千鸟格花纹

　　千鸟格花纹曾被称作犬牙花纹。温莎公爵是最早用它的名人。由于名人效应,这种粗花呢图案便成了 19 世纪至 20 世纪英国贵族的最爱。而最早让千鸟格登上时尚舞台,并坐上了高尚雅致头把交椅的是 Christian Dior。1948 年 Dior 先生将优化组合后的犬牙花纹用在了香水的包装盒上,并给了它一个足以流芳百世的好名字——千鸟格,如图 2-33 所示。

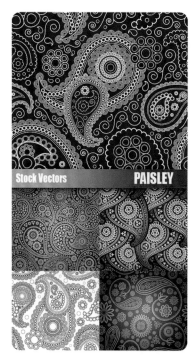

⊕ 图 2-32　佩斯利花纹

⊕ 图 2-33　千鸟格花纹

4．法国朱伊图案

朱伊图案是一种以人物、动物、植物、器物等构成的田园风光、劳动场景、神话传说、人物事件等的连续循环图案。朱伊图案源于 18 世纪晚期，它的特点是图案层次分明，有单色相的明度变化（蓝、红、绿、米色最为常用），印在本色棉、麻布上，显得古朴而浪漫，如图 2-34 所示。

5．英国莫里斯花纹

19 世纪中叶英国工业革命时期，以威廉·莫里斯为代表的"新艺术运动"应运而生，最具代表性的是棉印织物品,也因此形成了莫里斯图案。莫里斯图案最大的特点在于内容取材自然,藤蔓、花朵、叶子与鸟是最常见的图形,对称的图案、舒展柔美的叶子、饱满华美的花朵、灵动的小鸟、密集的构图和雅致的配色是其最大的造型特点,如图 2-35 所示。

✦ 图 2-34　法国朱伊图案

✦ 图 2-35　英国莫里斯花纹

三、布艺的搭配原则

居住空间的布艺搭配原则如下。①进行布艺色彩的设计。以客厅为例,客厅布艺包括沙发包布、单椅包布、靠包及窗帘。根据客厅墙面的颜色,定义客厅主体家具的布艺颜色,多以象牙白、米白、浅灰色的棉麻布为主。在此基础上,定义客厅布艺的点缀色,点缀色多体现在沙发靠包、单椅包布上。然后再根据墙面颜色及点缀色颜色设计出窗帘的布艺颜色。②进行布艺图案的设计。客厅图案的搭配原则是:将无图案的素布、花纹图案布、几何图案布在客厅布艺设计中交替使用,以创造出丰富多变又协调统一的艺术效果,如图 2-36 所示。

🌐 图 2-36 布艺软装搭配方案

第三节　灯　饰

　　在软装设计过程中,灯饰的选择不仅能够满足人们日常生活的需要,同时还可以起到烘托室内氛围及装饰的作用,是室内空间中重要的设计元素。尤其是在公共空间中,顶棚的灯饰设计及选择,以其巨大的体量、夸张的造型,很容易成为空间的视觉核心,如图 2-37 和图 2-38 所示。

✪ 图 2-37　某售楼处沙盘展示区

✪ 图 2-38　现代别墅起居室

一、灯饰的分类

在软装设计过程中,常用的灯饰有吊灯、吸顶灯、壁灯、台灯和落地灯。

1.吊灯

吊灯可分为单层吊灯和多层吊灯。一般情况下,根据不同空间的使用层高来确定吊灯的造型。当空间的使用层高在 2.6 米以下时,以使用单层吊灯为主;当空间的层高在 2.8 米以上时,多层吊灯的使用更为合适。这样的选择与使用能保证室内空间的舒适与协调性,如图 2-39 和图 2-40 所示。

吊灯根据不同的材质,可分为水晶吊灯、烛台吊灯、金属吊灯、吊扇灯等,如图 2-41 ~图 2-44 所示。

✪ 图 2-39　单层吊灯

✪ 图 2-40　多层吊灯

✪ 图 2-41　水晶吊灯

✪ 图 2-42　烛台吊灯

↑ 图 2-43　金属吊灯

↑ 图 2-44　吊扇灯

2．吸顶灯

吸顶灯是指安装在室内空间顶面，且与顶面完全紧贴的灯适合作整体照明使用。一般情况下，吸顶灯用于层高在 2.6 米以下的空间。与单层吊灯使用相比，吸顶灯会使整体空间显得更高耸，如图 2-45 和图 2-46 所示。

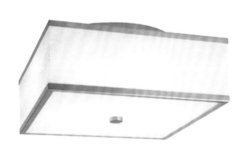

↑ 图 2-45　吸顶灯

↑ 图 2-46　中式客厅中的吸顶灯

3．壁灯

壁灯是室内空间中安装在墙壁上的用于辅助照明的灯具，一般分为单杯灯头壁灯和双杯灯头壁灯两种。其材质可分为水晶、金属和树脂等类型，如图 2-47 ～图 2-51 所示。

壁灯不仅具有装饰作用，同时还具有辅助照明的作用，常用在家居空间中的客厅、卧室、过道中；在商业空间中，因其楼层更高、装饰效果更重要，因此，壁灯更是成为首选灯具，如图 2-52 和图 2-53 所示。

✣ 图 2-47　单头壁灯

✣ 图 2-48　双头壁灯

✣ 图 2-49　水晶材质壁灯

✣ 图 2-50　铜质材质壁灯

✣ 图 2-51　树脂材质壁灯

✣ 图 2-52　起居室壁灯

🔆 图 2-53　售楼处使用了壁灯

4．台灯

台灯是人们生活中用来辅助照明的一种家用电器。根据其使用功能可分为阅读台灯和装饰台灯。阅读台灯的灯体外形简洁轻便，是专门用来看书或写字用的台灯，这种台灯灯杆高度可调节，可用于调节光照方向和亮度，主要起到人们阅读时照明的作用。装饰台灯的外观豪华，材质与款式多样，灯体结构复杂，具有装饰空间的效果，如图 2-54 ～图 2-57 所示。

🔆 图 2-54　阅读台灯

🔆 图 2-55　装饰台灯

5．落地灯

在室内设计中，落地灯一般与沙发、边几配合使用。它移动方便，具有局部照明及装饰作用，如图 2-58 ～图 2-60 所示。

✿ 图 2-56　书桌阅读灯

✿ 图 2-57　起居室装饰台灯

✿ 图 2-58　客厅沙发落地灯

✿ 图 2-59　书桌前落地灯

✿ 图 2-60　售楼处落地灯

二、灯饰的搭配原则

灯饰多数情况作为使用及装饰功能的陈设艺术品存在,在其选择与搭配的过程中,要遵循以下原则。

(1) 灯饰风格与室内空间的装饰风格统一且造型要与家具相搭配。在美式乡村风格的餐厅中,做旧的铁艺吊灯让空间更具历史感,其造型与餐桌造型相似,搭配起来更和谐,如图 2-61 所示。

✿ 图 2-61　美式乡村风格居住空间

（2）灯饰的选配需考虑空间中整体照明的需要，不可为了装饰效果过多地选配灯饰，造成浪费。

（3）在灯饰造型的选择上，尤其是吊灯，一定要考虑其灯饰垂挂高度。一般来说，较高的空间，灯饰的垂挂吊杆也应相应较长，有利于灯饰占据空间纵向高度上的重要位置，从而使其在垂直维度上更有层次感，如图 2-62 所示。

⊕ 图 2-62　售楼处大型吊灯

第四节　装　饰　画

装饰画是软装设计中常用的陈设艺术品，在立面上具有很强的装饰作用，既可强化室内装饰风格，又能传达空间的艺术气息和生活氛围，用装饰画去表达空间的主题创意也是很好的选择。

一、装饰画的分类

装饰画的画品分为五大类，包括实物装裱画、现代水墨画、欧式古典人物和风景画、现代抽象画、主题挂画。

实物装裱画：指运用实际物品制作的装饰挂画，它的特点是生动有趣，如图 2-63 所示。

现代水墨画：包括传统的名人水墨字画及抽象创意的水墨画，如图 2-64 所示。

欧式古典人物和风景画：以欧式人物和风景为题材的油画，如图 2-65 所示。

⊕ 图 2-63　实物装裱画

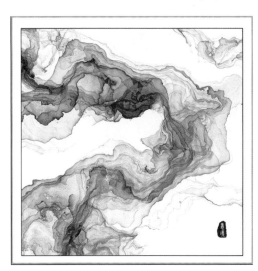
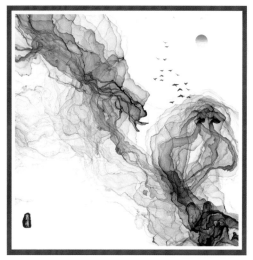

⊕ 图 2-64　抽象创意水墨画

⊕ 图 2-65　欧式古典风景和人物画

现代抽象画：用现代的审美设计出的抽象表现画，虽无具体的形式，但寓意深刻，如图 2-66 所示。

主题挂画：根据居室空间的主题设计的装饰画。例如，音乐主题的唱片画、马术主题的用品装饰画、红酒主题的酒塞装饰画等，如图 2-67 所示。

图 2-66　现代抽象画

图 2-67　主题装饰画

二、装饰画的搭配原则

在装饰画设计上,其搭配原则需考虑以下几点。首先,装饰画的形式、风格、色彩要与整个空间的风格相协调,可根据室内空间的设计风格及色彩而定。其次,装饰画的尺寸要根据其所在位置的家具尺寸及墙面尺寸决定。

以新中式风格的卧室为例,要为床头背景墙选择一幅挂画。首先,根据卧室风格——新中式,可选择现代风格的水墨画;其次,根据卧室内现有色彩,确定挂画必有色彩,即床头的米白色、靠包的橘色为水墨画中必有色彩;最后,根据床头及墙面尺寸确定挂画尺寸。挂画的总宽度,要小于或等于床头面宽减掉 0.6 米;挂画的总高度,根据视平线及黄金分割比计算得出,如图 2-68 所示。

⬆ 图 2-68 新中式风格卧室挂画

第五节 陈设饰品

陈设饰品,通过饰品的选择与搭配摆放,即可创造出家居生活氛围,同时又可为室内空间增添艺术氛围,是室内空间中的重要设计元素,如图 2-69 和图 2-70 所示。

一、陈设饰品的分类

根据饰品的使用空间不同,陈设饰品可分为三大类,即厨房、卫生间的生活饰品,卧室、衣帽间的家居饰品,客厅、卧室、书房的装饰饰品。

生活饰品:包括厨房、卫生间柜内及台面上的物品,是人们为了生活而使用的饰品,主要以锅碗瓢盆、小件家用电器、调料、洗漱工具、化妆品、洗涤用品为主,如图 2-71 和图 2-72 所示。

家居饰品:指卧室、衣帽间内的生活服饰、鞋帽、箱包、手表、首饰等饰品,如图 2-73 所示。

装饰饰品:客厅、卧室、书房内用来装饰、美化空间的艺术装饰品。饰品根据风格可划分为中式、新中式、古典欧式、新古典式、泰式等;根据材质可划分为金属、不锈钢、木质、陶瓷、玻璃及合成材料等,如图 2-74 所示。

✿ 图 2-69　办公室 VIP 洽谈室

✿ 图 2-70　办公前台一角

✿ 图 2-71　厨房生活饰品

图 2-72　卫生间生活饰品

图 2-73　衣帽间家居饰品

二、陈设饰品的布置原则

陈设饰品合理地布置摆放,不仅给人带来感官上的愉悦,增添空间的艺术氛围,更能提亮空间,丰富家居情调。其布置要遵循以下几个原则。

✿ 图 2-74　客厅装饰饰品

（1）陈设饰品的摆放讲求三角稳定结构,追求饰品摆放的韵律美与平衡,如图 2-75 和图 2-76 所示。

✿ 图 2-75　餐边柜饰品摆放　　　　　　　　　✿ 图 2-76　茶几饰品摆放

（2）书柜饰品摆放，其柜内样式要有变化，饰品样式要丰富，尽量达到不重复、有细节变化的视觉效果。要根据柜内尺寸选择合适的饰品，不宜将柜内饰品摆放得过于饱满，应讲究留白效果，如图 2-77 和图 2-78 所示。

⊕ 图 2-77　现代书柜饰品摆放

⊕ 图 2-78　新中式书柜饰品摆放

（3）陈设饰品的样式选择，应与空间风格保持一致。在色彩选择上，需呼应空间的点缀色，达到和谐统一、提亮空间的视觉效果，如图 2-79 和图 2-80 所示。

⊕ 图 2-79　新中式书房

✿ 图 2-80　现代餐厅色彩搭配

第六节　花　　艺

花艺是指通过鲜花、绿色植物和仿真花卉等对空间环境进行点缀。花艺装饰是一种综合性艺术,其质感、色彩的变化对空间的整体环境可起到画龙点睛的作用,如图 2-81 所示。

一、花艺的分类

花艺的造型和颜色应根据室内空间风格确定,并根据摆放花艺的位置及家具台面尺寸确定花艺作品的整体尺寸,如图 2-82 所示。

✿ 图 2-81　会所空间花艺设计　　　　　　　　✿ 图 2-82　新中式客厅花艺

东方风格插花：使用的花材不求繁多，以梅、兰、竹、菊为主，只需插几枝便可达到画龙点睛的效果。造型多运用枝条、绿叶来勾线、衬托。形式上追求线条构图的完美和变化，崇尚自然、简洁、清雅，遵循一定原则，但又不拘于一定形式，如图 2-83 所示。

西方风格插花：注重几何构图，讲究对称的插法，有雍容华贵之态。常见的形式有半球形、椭圆形、金字塔形和扇形，力求用浓重艳丽的色彩营造出热烈、豪华、富贵的气氛，如图 2-84 所示。

⊕ 图 2-83　东方风格插花

⊕ 图 2-84　西方风格插花

二、花器的分类

花器是花艺设计的另一重要元素。器皿的造型选择在花艺设计中也至关重要，只有花材造型与器皿完美搭配，才能创造出有灵魂的花艺设计。根据花器的材质可分为玻璃器皿、陶瓷器皿、树脂器皿、金属器皿，以及藤、竹、草编器皿，如图 2-85 ～图 2-89 所示。通常，为了使花器独具特色，也可用鸟笼、麻线团等作为花器，如图 2-90 和图 2-91 所示。

三、花艺的选配原则

在花艺的选配中要同时考虑花材与花器的搭配组合，好的组合不仅具有较高的审美性及艺术性，同时还可有效提升室内空间的装饰效果。其选配原则如下。

（1）花艺风格、色彩要与室内空间装饰风格、色彩保持一致，如图 2-92 和图 2-93 所示。

✪ 图 2-85　玻璃器皿

✪ 图 2-86　陶瓷器皿

✪ 图 2-87　树脂器皿

✪ 图 2-88　金属、陶瓷结合器皿

✪ 图 2-89　草编器皿

✪ 图 2-90　鸟笼式器皿

✪ 图 2-91　麻绳器皿

🛈 图 2-92　新中式玉兰花搭配陶瓷花器

🛈 图 2-93　现代欧式中蓝色绣球花配金属花器

（2）花材与花器尺寸的比例最好选用黄金分割比例，按照黄金分割比例设计出来的花艺更加美观。图 2-94 ～ 图 2-96 所示的是用不同比例设计的花艺。

🛈 图 2-94　1∶1 比例花艺

🛈 图 2-95　2∶1 比例花艺

🛈 图 2-96　3∶2 比例花艺

第三章
软装设计的风格

软装设计需要和硬装设计相互配合，才能打造出具有独特设计的装饰风格。它不仅可以完成对室内空间环境氛围的渲染与提升，同时还可以调节室内环境色彩。因此，软装设计与硬装设计的风格需要协调统一，可以参照硬装设计风格，利用软装元素进行有机的设计与创作。

第一节　新中式风格

一、新中式风格概念

新中式风格是指将传统的中式设计美学融合到现代设计及生活中的一种装饰风格。将传统元素符号与现代元素相结合，使其设计的效果更具有简练、大气、时尚的特点，让现代空间装饰更具有中国文化韵味，如图 3-1 所示。

✤ 图 3-1　新中式风格书房

二、新中式风格设计手法

新中式风格是在设计上采用现代的手法诠释中式风格,形式比较活泼,用色大胆,结构也不讲究中式风格的对称,家具上可选用木制、金属、镜面、织物、大理石混合搭配,传统的书画作品及现代抽象的水墨画都可用来装饰室内空间,饰品多选用具有东方气质的抽象概念作品。在选择使用木材、石材、丝纱织物等材料的同时,还会选择玻璃、金属、墙纸等现代材料,使现代室内空间既蕴含浓重的东方气质,又具有灵活的现代感。窗格是新中式风格中使用频率最高的装饰元素,空间隔断、墙面硬装均可选择应用。另外还可以将窗格元素进行再设计,如在半透明玻璃上做出窗格图案的磨砂雕花,以不锈钢、香槟金等金属色做出窗格装饰等,都是十分常见的做法。在饰品搭配上,如果能以一种禅意美学观念控制节奏,更能显出贵族气派。比如墙壁上的字画,不在多,而在于它所营造的意境,如图 3-2 所示。

✚ 图 3-2　新中式风格餐厅

三、新中式风格常用装饰元素

1. 家具

新中式风格的家具是以古典家具的造型结合现代的工艺手法设计出的既有中式情怀又适合现代生活的家具。水墨印染的纯棉印花布艺与沙发的结合就是一款独具特色的新中式风格家具,如图 3-3 和图 3-4 所示。

✛ 图 3-3　一对折扇沙发

✛ 图 3-4　现代水墨三人沙发

2. 抱枕

新中式风格的抱枕,赋予更多的中式元素在其中,素雅的色彩是首选,如花鸟、水墨、吉祥纹样等,如图 3-5 所示。

✛ 图 3-5　新中式风格抱枕

3. 窗帘

新中式风格的窗帘多为简洁的素色,采用对称设计,帘头简单、大方。在材质的选择上,有棉麻、真丝、麻纱等。大气、素雅的窗帘搭配在新中式风格中最为常用,如图 3-6 和图 3-7 所示。

4. 屏风及格扇

新中式风格常常将彩绘屏风放于卧室、客厅中作为背景墙面,以突出新中式风格的主题意境。木质格扇通常作为新中式空间分隔的主要形式,既简洁又大方,如图 3-8 和图 3-9 所示。

🔹 图 3-6　新中式风格书房窗帘

🔹 图 3-7　新中式风格餐厅窗帘

🔹 图 3-8　新中式风格的卧室背景墙

⊕ 图 3-9　新中式风格餐厅格扇

5．饰品

新中式风格的饰品，已经将传统的中式饰品、陶瓷摆件、茶具、香炉等融入其中。恬静、雅致的新中式饰品，营造出休闲、雅致的中式韵味，如图 3-10 所示。

⊕ 图 3-10　新中式风格餐厅

第二节 现代港式风格

一、现代港式风格概念

现代港式风格是一种注重生活品位、灯光、细节的装饰风格,在室内空间中呈现出现代奢华的特点,是追求现代生活品质中最具有实用性的装饰风格,如图 3-11 和图 3-12 所示。

✪ 图 3-11 现代港式风格起居室

✪ 图 3-12 现代港式风格卧室

二、现代港式风格设计手法

现代港式风格在处理空间方面一般强调室内空间宽敞、内外通透,在空间格局设计中追求不受承重墙限制的自由,经常会出现餐厅与客厅一体化或者开放式卧室的设计。在港式风格装饰中,简约与奢华是通过不同的材质对比和造型变化来进行诠释的,在建材和家具的选择上非常讲究,多以金属色和线条感营造出金碧辉煌的奢华感。钢化玻璃被大量使用,并以不锈钢等新型材料作为辅助材料,是比较常见的装饰手法,能给人带来前卫、不受拘束的感觉。现代港式风格多以深色、金属色、灰色为主,整体空间格调现代、高雅,如图 3-13 和图 3-14 所示。

三、现代港式风格常用的装饰元素

1. 家具

一般现代港式家居的沙发多采用灰暗或者素雅的色彩和图案,所以抱枕应该尽可能地调节沙发的刻板印象,色彩可以跳跃一些,需要比沙发的颜色亮一些,如图 3-15 所示。

⊕ 图 3-13　现代港式风格主卧

⊕ 图 3-14　现代港式风格厨房

⊕ 图 3-15　现代港式风格的客厅家具

2．灯具

现代港式风格的灯具线条一定要简单大方,不宜花哨,否则会影响整个室内空间的平静感,材质上多以金属为主。另外,灯具的另一个功能是提供柔和、偏暖色的灯光,让整体素雅的室内空间更具温暖感受,如图 3-16 所示。

3．床品

现代港式家居的床上用品可以运用多种面料来实现层次感和丰富的视觉效果，比如羊毛制品、毛皮等，高雅大方又奢华美观，如图 3-17 所示。

现代港式风格吸顶灯　　　现代港式风格吊灯　　　现代港式风格台灯

⊕ 图 3-16　现代港式风格灯具

⊕ 图 3-17　现代港式风格床品

4．餐具

现代港式风格在餐具上应选择精致的瓷器和陶器，色彩和造型上可以更丰富一些，如深红色、宝蓝色、深灰色、深紫色等，这样才不会让餐厅失去原有的高贵感觉，如图 3-18 所示。

⊕ 图 3-18　现代港式风格餐具样式

图 3-18（续）

第三节　东南亚风格

一、东南亚风格概念

东南亚风格是一种结合了东南亚民族岛屿特色及精致文化品位的设计方式，显得自然温馨又不失庄重华丽。东南亚风格崇尚手工，人们广泛地运用木材和其他的天然原材料来演绎原始自然的热带风情，如藤条、竹子、石材、青铜和黄铜等。在其发展中，不断地融合和吸收不同国家的特色，在其室内的搭配上，将深木色的家具、金色的壁纸、丝绸质感的布料及灯光变化融为一体，极具热带民族原始岛屿风情与格调，体现了庄重及豪华感，如图 3-19 所示。

二、东南亚风格设计手法

东南亚风格崇尚自然，木材、藤、竹等材质成为装饰首选。大部分的东南亚家具采用两种以上的不同材料混合编织而成，如藤条与木片、藤条与竹条，材料之间的宽、窄、深、浅，从而形成明显的对比。

在工艺上，以纯手工编织或打磨为主，完全不带一丝工业化的痕迹。古朴的藤艺家具搭配葱郁的绿化是常见的表现东南亚风格的设计手法。由于东南亚气候多闷热潮湿，所以在软装上要用夸张艳丽的色彩打破视觉的沉闷。香艳浓烈的色彩被运用在布艺家具上，如床帏处的帐幕、窗台的纱幔等。在营造出华美绚丽的风格的同时，也增添了丝丝妩媚柔和的气息，如图 3-20 所示。

✿ 图 3-19　东南亚风格休闲室

✿ 图 3-20　东南亚风格卧室

三、东南亚风格常用装饰元素

1. 家具

泰式家具大都体积庞大、典雅古朴,极具异域风情。柚木制成的木雕家具是东南亚装饰风情中最为抢眼的部分。此外,东南亚装修风格具有浓郁的雨林自然风情,增加藤椅、竹椅一类的家具再合适不过,如图3-21～图3-23 所示。

✚ 图 3-21　传统柚木泰式家具

✚ 图 3-22　现代泰式四柱沙发床

✚ 图 3-23　现代泰式原色藤编双人椅

2．灯具

东南亚风格的灯饰大多就地取材，贝壳、椰壳、藤、枯树干等都是灯饰的制作材料。东南亚风格的灯饰造型具有明显的地域民族特征，如铜制的莲蓬灯、手工敲制出的具有粗糙肌理的铜片吊灯、大象等动物造型的台灯等，如图 3-24 所示。

✦ 图 3-24　东南亚风格灯具

3．窗帘、纱幔

东南亚风格的窗帘一般以自然色调为主，酒红色、墨绿色、土褐色最为常见。设计造型多反映民族的信仰，棉麻等自然材质为主的窗帘款式往往显得粗犷自然，还拥有舒适的手感和良好的透气性，如图 3-25 所示。

纱幔妩媚而飘逸，是东南亚风格家居不可或缺的装饰。丝质的纱幔在床架上的运用，可营造出飘逸的异域情怀，如图 3-26 所示。

4．抱枕

泰丝质地轻柔、色彩绚丽，富有特别的光泽，图案设计也富于变化，极具东南亚特色。用上好的泰丝制成抱枕，无论是置于椅上还是榻头，都彰显着高品位的格调，如图 3-27 所示。

5．饰品

东南亚风格饰品的表现样式多与宗教、神话传说相关，芭蕉叶、大象、菩提树、佛手等是饰品的主要图案。此外，东南亚的国家信奉神佛，所以在饰品里面也能体现这一点。一般在东南亚风格的家居里面多少会看到一些造型奇特的神佛等金属或木雕饰品，如图 3-28 所示。

✛ 图 3-25　东南亚风格窗帘

✛ 图 3-26　飘逸的床幔

✛ 图 3-27　色彩艳丽的东南亚风格抱枕

⊕ 图 3-28　东南亚风格饰品

第四节　法式风格

一、法式风格概念

法式风格装饰题材多以自然植物为主，使用变化丰富的卷草纹样、蚌壳般的曲线、舒卷缠绕着的蔷薇和弯曲的棕榈。为了更接近自然，法式风格装饰一般尽量避免使用水平的直线，而采用多变的曲线和涡卷形象，它们的构图不是完全对称的，每一条边和角都可能是不对称的，其变化极为丰富，令人眼花缭乱，如图 3-29 和图 3-30 所示。

⊕ 图 3-29　法式风格墙面曲线线条

⊕ 图 3-30　现代法式风格起居室

二、法式风格设计手法

优雅、舒适、安逸是法式家居风格的内在气质。其中,法式宫廷风格追求极致的装饰,在雕花、贴金箔、手绘上力求精益求精,或粉红,或粉白,或粉蓝灰色的色彩搭配漆金的堆砌小雕花,显得精致高雅;法式田园风格保留了法式风格中纤细美好的曲线,搭配鲜花、饰品和布艺,天然又不失装饰效果。现代法式家具继承了传统法式家具的风格,无论是柜体、沙发还是床的腿部都呈轻微弧度,轻盈雅致;粉色系、香槟色、奶白色以及独特的灰蓝色等浅淡的主题色美丽细致,局部点睛的精致雕花,加上时尚感十足的印花图纹,充满了浓浓的女性特质,如图 3-31 和图 3-32 所示。

三、法式风格常用装饰元素

1. 家具

法式风格家具很多表面略带雕花,配合扶手和椅腿的弧形曲度,显得更加优雅矜贵。在用料上,法式风格家具一直沿用樱桃木,极少使用其他木材,如图 3-33 和图 3-34 所示。

2. 窗帘

法式风格一般会选用与家具颜色对比比较明显的绿、灰、蓝等色调的窗帘,在造型上也比较复杂,体现了浓郁的复古风情。此外,除了熟悉的法国公鸡、薰衣草、向日葵等标志性图案,橄榄树和蝉的图案也被普遍印在了桌布、窗帘、沙发靠垫,如图 3-35 和图 3-36 所示。

✿ 图 3-31　现代法式风格餐厅

✿ 图 3-32　现代法式风格客厅

✿ 图 3-33　法国洛可可风格休闲椅

✿ 图 3-34　法国新古典风格卡纳排

图 3-35　橄榄绿色的法式风格起居室

图 3-36　贵族气息的法式风格起居室

3．地毯

传统法式风格的地毯图案以卷草、曲线、卵形为主，在色彩上沿用水蓝色、水粉色、肉粉色，以表现法式风格所追求的浪漫、奢华的氛围，如图 3-37 所示。

图 3-37　法式风格地毯

4．挂画

法式装饰画通常采用油画的材质，以著名的历史人物为设计灵感，再加上精雕的金属外框，使得整幅装饰画兼具古典美与高贵感。此外也可以将装饰画采用花卉的形式表现出来，表现出极为灵动的生命气息。法式装饰画从款式上可以分为油画彩绘或素描，两者都能展现出法式格调，素描的装饰画一般以单纯的白色为底色，而油画的色彩则需要浓郁一些，如图 3-38 所示。

🔂 图 3-38　法式风格挂画

5．灯具

法式风格的灯具造型繁复，像吊灯、壁灯以及台灯等多以金属或水晶材质为主，搭配整体环境，清淡幽雅且显高贵气质，可成为装饰的点睛之笔，如图 3-39 ～图 3-42 所示。

✪ 图 3-39　法式风格水晶吊灯

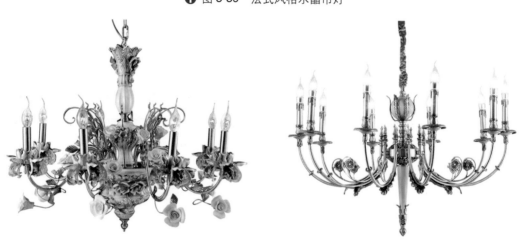

✪ 图 3-40　法式风格金属琉璃吊灯

✪ 图 3-41　法式风格金属琉璃台灯

✤ 图 3-42　法式风格金属壁灯

第五节　新古典风格

一、新古典风格概念

新古典风格传承了古典风格的文化底蕴、历史美感及艺术气息，同时将繁复的家居装饰凝练得更为简洁优雅，为硬而直的线条配上温婉雅致的软性装饰，将古典美注入简洁实用的现代设计中，使得家居装饰更有灵性。古典主义在材质上一般会采用传统木制材质，用金粉描绘各个细节，运用艳丽大方的色彩，注重线条的搭配以及线条之间的比例关系，令人强烈地感受到传统痕迹与浑厚的文化底蕴，但同时也摒弃了过往古典主义复杂的肌理和装饰，如图 3-43 和图 3-44 所示。

✤ 图 3-43　新古典风格卧室　　　　　　　　✤ 图 3-44　新古典风格起居室

二、新古典风格设计手法

新古典风格常用材料包括浮雕线板与饰板、水晶灯、彩色镜面与明镜、古典墙纸、层次造型天花板、罗马柱等。墙面上减掉了复杂的欧式护墙板,使用石膏线勾勒出线框,把护墙板的形式简化到极致。地面经常采用石材拼花,用石材天然的纹理和自然的色彩来修饰人工的痕迹,使奢华气质毫无保留地流淌,如图 3-45 和图 3-46 所示。

⬆ 图 3-45　新古典风格餐厅　　　　　　　　　　⬆ 图 3-46　新古典风格卧室

三、新古典风格常用装饰元素

1. 家具

新古典风格的家具舍弃了古典家具过于复杂的装饰,简化了线条。它虽有古典家具的曲线和曲面,但少了古典家具的雕花,多采用现代家具的直线条。新古典风格的家具类型主要有实木雕花、亮光烤漆、贴金箔或银箔、绒布面料等,如图 3-47 ～图 3-51 所示。

2. 灯具

新古典风格的灯具多以华丽、璀璨的材质为主,如水晶、亮铜等,再加上暖色的光源,达到冷暖相衬的奢华感,如图 3-52 ～图 3-54 所示。

🔂 图 3-47　新古典风格电视柜

🔂 图 3-48　新古典风格展示柜

🔂 图 3-50　新古典风格椅子

🔂 图 3-49　新古典风格沙发

🔂 图 3-51　新古典风格床头柜

⬆ 图 3-52　新古典风格金属吊灯

⬆ 图 3-53　新古典风格水晶吊灯

⬆ 图 3-54　新古典风格金属、陶瓷台灯

3．布艺

　　色调淡雅、纹理丰富、质感舒适的纯麻、精棉、真丝、绒布等天然华贵面料都是新古典风格家居的必备之选。窗帘可以选择香槟银、浅咖色等，以绒布面料为主，同时应尽量考虑加双层款式，如图 3-55 和图 3-56 所示。

4．饰品

　　几幅具有艺术气息的油画，复古的金属色画框、镜子，古典样式的烛台，剔透的水晶制品，精致的银制或陶瓷的餐具，包括老式的挂钟、电话和古董，都能为新古典风格的怀旧气氛增色不少，如图 3-57 ～图 3-59 所示。

✪ 图 3-55　新古典风格客厅布艺搭配　　　　　✪ 图 3-56　新古典风格卧室布艺搭配

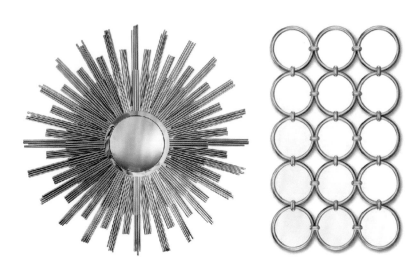

✪ 图 3-57　新古典风格镜子

✪ 图 3-58　新古典风格烛台

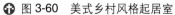 图 3-59　新古典风格摆件

第六节　美式乡村风格

一、美式乡村风格概念

美式乡村风格主要起源于 18 世纪各地拓荒者居住的房子,色彩及造型较为含蓄保守,兼具古典风格的优美造型与新古典风格的功能配备,既简洁明快,又温暖舒适,如图 3-60 和图 3-61 所示。

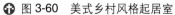 图 3-60　美式乡村风格起居室　　　　　　　 图 3-61　美式乡村风格餐厅

美式乡村风格似乎天生就适合用来怀旧,它身上的自然、经典还有斑驳老旧的印记,似乎能让时光倒流,让生活慢下来。整个房子一般没有直线出现,拱形的哑口、窗及门,可以营造出田园的舒适和宁静。

二、美式乡村风格设计手法

仿古砖略为凹凸的砖体表面、不规则的边缝、颜色做旧的处理、斑驳的质感都散发着自然粗犷的气息，同美式乡村风格是天作之合；壁炉是美式乡村风格的主打元素，特别是质朴的壁炉更能表现出乡野风情；美式乡村风格的家具中经常运用各种铁艺元素，从铁艺吊灯到铁艺烛台，再到铁艺花架、铁艺相框等；木材更是美式乡村风格家具一直以来的主要材质，主要有胡桃木、桃心木和枫木等木种。美式乡村风格的家具通常都带有浓烈的大自然韵味，且在细节的雕琢上独具匠心，如简洁大气的床屏造型、硬朗圆润的床脚柱头及弯腿等，如图3-62和图3-63所示。

⊕ 图 3-62 美式乡村风格酒窖

⊕ 图 3-63 美式乡村风格卧室

三、美式乡村风格常用装饰元素

1. 家具

美式乡村风格的空间中，往往会使用大量让人感觉笨重且深颜色的实木家具，风格偏向古典欧式，以舒适为设计准则，每一件都透着阳光、青草、露珠的自然味道，仿佛随手拈来，毫不矫情，如图3-64～图3-69所示。

⊕ 图 3-64 美式乡村风格双人床（一）

⊕ 图 3-65 美式乡村风格双人床（二）

⬆ 图 3-66　美式乡村风格床头柜

⬆ 图 3-67　美式乡村风格大衣柜

⬆ 图 3-68　美式乡村风格书柜

⬆ 图 3-69　美式乡村风格双人沙发

2．灯具

美式乡村风格的灯具材料一般选择比较考究的树脂、铁艺、焊锡、铜、水晶等,常用古铜色、黑色铸铁和铜质为框架,为了突出材质本身的特点,框架本身已成为一种装饰。可以在不同角度下产生不同的光感,如图 3-70 所示。

3．布艺

布艺是美式乡村家居的主要元素,多以本色的棉麻材质为主,上面往往描绘色彩鲜艳、体形较大的花朵图案,看上去充满自然和原始的感觉。各种繁复的花卉植物、亮丽的异域风情等图案也很受欢迎,体现了一种舒适和随意,如图 3-71 和图 3-72 所示。

✚ 图 3-70　美式乡村风格吊灯

✚ 图 3-71　美式乡村风格卧室布艺搭配　　　　✚ 图 3-72　美式乡村风格书房布艺搭配

4. 饰品

美式乡村风格的室内空间设计常用仿古艺术品,如被翻卷边的古旧书籍、动物的金属雕像等,这些饰品搭配起来可以呈现出深邃的文化艺术气息,如图 3-73 所示。

✛ 图 3-73　美式乡村风格起居室饰品搭配

5. 装饰画

美式乡村风格的室内空间中装饰画多以绿色或金黄的田野为主,如图 3-74 所示。

✛ 图 3-74　美式乡村风格起居室挂画搭配

第七节　地中海风格

一、地中海风格概念

地中海风格是9—11世纪起源于地中海沿岸的一种家居风格,它是海洋风格装修的典型代表,因富有浓郁的地中海人文风情和地域特征而得名,具有自由奔放、色彩多样明媚的特点。地中海风格通常将海洋元素应用到家居设计中,给人一种蔚蓝明快的舒适感,如图3-75所示。

⬆ 图3-75　地中海风格居住空间

二、地中海风格设计手法

由于地中海沿岸对于房屋或家具的线条不是直来直去的,显得比较自然,因而无论是家具还是建筑,都形成一种独特的样式。拱门与半拱门窗、白灰泥墙是地中海风格的主要特色,常采用半穿凿或全穿凿的形式来增强家具的实用性和美观性,给人一种延伸的透视感。在材质上,一般选用自然的原木、天然的石材等,再用马赛克、小石子、瓷砖、贝壳类、玻璃片、玻璃珠等来做点缀装饰。家具大多选择一些做旧风格的,搭配自然饰品,给人一种风吹日晒的感觉,如图3-76所示。

⊕ 图 3-76　地中海风格起居室拱形造型

三、地中海风格常用装饰元素

1. 家具

地中海风格家具最好选择线条简单、圆润的造型,并且有一些弧度,在材质上最好选择实木或者藤类;在色彩上,以蓝色、白色居多,如图 3-77 ~ 图 3-84 所示。

⊕ 图 3-77　地中海风格衣柜

⊕ 图 3-78　地中海风格书柜

⊕ 图 3-79　地中海风格双人床

⊕ 图 3-80　地中海风格茶几

⊕ 图 3-81　地中海风格椅子

⊕ 图 3-82　地中海风格沙发

⊕ 图 3-83　地中海风格书桌

⊕ 图 3-84　地中海风格船形书架

2．灯具

地中海风格灯具常见的特征之一是灯具的灯臂或者中柱部分常常会作擦漆做旧处理,这种处理方式,除了让灯具流露出类似欧式灯具的质感,还可以表现出碧海晴天之下被海风吹蚀的自然印迹。地中海风格灯具通常会配有白陶装饰部件或手工铁艺装饰部件,透露着一种纯正的乡村气息。地中海风格的台灯会在灯罩上运用多种色彩或呈现多种造型,壁灯在造型上往往会设计成地中海独有的美人鱼、船舵、贝壳等造型,如图 3-85～图 3-87 所示。

⊕ 图 3-85　地中海风格六头吊灯　　　　　　　　⊕ 图 3-86　地中海风格单头吊灯

⊕ 图 3-87　地中海风格台灯

3．布艺

窗帘、沙发布、餐布、床品等软装布艺一般以天然棉麻织物为首选,由于地中海风格也具有田园的气息,所以使用的布艺面料上经常带有低彩度色调的小碎花、条纹或格子图案,如图 3-88 所示。

4．饰品

地中海风格适合选择与海洋主题有关的各种饰品,如帆船模型、救生圈、水手结、贝壳工艺品、木雕上漆的海鸟、鱼类等。也可以是独特的铁艺工艺品,特别是各种蜡架、钟表、相架和墙上挂件等,如图 3-89 所示。

✪ 图 3-88　地中海风格布艺搭配

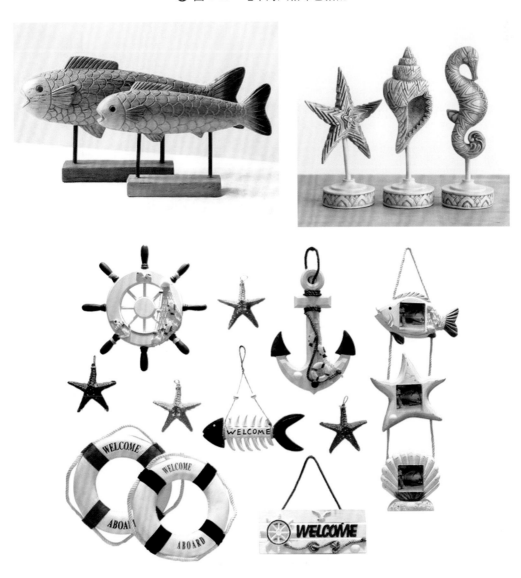

✪ 图 3-89　地中海风格饰品

第八节　现代简约风格

一、现代简约风格概念

简约主义是在 20 世纪 80 年代中期对复古风潮的叛逆和极简美学的基础上发展起来的，90 年代初期开始融入室内设计领域。以简洁的表现形式来满足人们对空间环境感性的、本能的和理性的需求，这就是现代简约风格，如图 3-90 所示。

⊕ 图 3-90　现代简约风格室内空间

二、现代简约风格设计手法

现代简约风格强调少即是多，舍弃不必要的装饰元素，将设计的元素、色彩、照明、原材料简化到最少的程度，追求时尚和现代的简洁造型、愉悦色彩。现代简约风格在硬装的选材上不再局限于石材、木材、面砖等天然材料，而是将选择范围扩大到金属、涂料、玻璃、塑料以及合成材料，突出材料之间的结构关系，如图 3-91 所示。

三、现代简约风格常用装饰元素

1. 家具

现代简约风格的家具通常线条简练，沙发、床、桌子一般都为直线，不用太多曲线，强调功能，富含设计或哲学意味，造型简洁大方，如图 3-92 所示。

✪ 图 3-91　现代简约风格起居室

✪ 图 3-92　现代简约风格家具组合

2．布艺

现代简约风格不宜选择花纹过重或是颜色过深的布艺，通常比较适合的是一些浅色并且以简单大方的图形和线条作为修饰的类型，这样显得更有线条感，如图 3-93 所示。

✪ 图 3-93　现代简约风格布艺搭配

3．灯具

金属是工业化社会的产物，也是体现现代简约风格最有力的手段，各种不同造型的金属灯，都是现代简约风格的代表元素，如图 3-94 所示。

✪ 图 3-94　现代简约风格灯具搭配

4．装饰画

现代简约风格家居可以选择带有抽象图案或者几何图案的挂画，三联画的形式是一个不错的选择。装饰画的颜色和房间的主体颜色相同或接近比较好，颜色不能太复杂，也可以根据自己的喜好选择搭配黑、白、灰系列线条流畅具有空间感的平面画，如图 3-95 所示。

✚ 图 3-95　现代简约风格装饰画搭配

5．饰品

现代简约风格家居饰品数量不宜太多，摆件饰品多采用金属、玻璃或者陶瓷材质为主的现代风格工艺品，如图 3-96 所示。

✚ 图 3-96　现代简约风格饰品搭配

第九节 北 欧 风 格

一、北欧风格概念

北欧风格因为地域文化的不同可以分为三个流派,分别是瑞典设计、丹麦设计、芬兰现代设计,这三个流派统称为北欧风格设计。北欧风格以简洁著称,注重以线条和色彩的配合来营造氛围,表达对自然的极致追求,如图 3-97 所示。

⊕ 图 3-97　北欧风格室内空间

二、北欧风格设计手法

北欧空间里使用的木质元素多半都未经过精细加工,其原始色彩和质感传递出自然的氛围。除了木材之外,北欧风格常用的装饰材料还有石材、玻璃和铁艺等,但都无一例外地保留了这些材质的原始质感。大面积的木地板铺陈是北欧风格的主要特点之一,让人有贴近自然、住得更舒服的感觉,北欧家居也经常将地板漆成白色,会有看起来宽阔延伸的视觉效果,如图 3-98 所示。

三、北欧风格常用装饰元素

1. 家具

北欧风格的家具一般都比较低矮,以板式家具为主,材质上选用桦木、枫木、橡木、松木等不曾精加工的木料,尽量不破坏原本的质感。将与生俱来的个性纹理、温润色泽和细腻质感注入家具,用最直接的线条进行勾勒,展现北欧独有的淡雅、朴实、纯粹的原始韵味与美感,如图 3-99 所示。

✿ 图 3-98　简约温暖的北欧风格室内空间

✿ 图 3-99　北欧风格家具搭配

2．布艺

在窗帘、地毯、桌布等布艺搭配上,材质以自然的元素为主,如棉、麻布品等天然质地,如图 3-100 所示。

✿ 图 3-100 北欧风格布艺搭配

3．图案

几何印花、菱形、竹节、希腊十字、盘结等图案设计,可以带来欢快、兴奋和个性的北欧印象,如图 3-101 所示。

✿ 图 3-101 北欧风格图案组合

4．绿植

追求自然的味道，适时加入的绿植，变成了北欧风格家居里最好的装饰物。它们可以安身在任何合适地方，清新的绿色，如春风拂面，温柔美好，如图 3-102 和图 3-103 所示。

✚ 图 3-102　北欧风格室内空间与绿植（一）

✚ 图 3-103　北欧风格室内空间与绿植（二）

第十节 工业风格

一、工业风格概念

工业风格起源于将废旧的工业厂房或仓库改建成的兼具居住功能的艺术家工作室,在设计中会出现大量的工业材料,如金属构件、水泥墙、水泥地,做旧质感的木材、皮质元素等,以开放性格局为主。这种风格用在家居领域,给人一种现代工业气息的简约、随性感,在裸露砖墙和原结构表面的粗犷外表下,反映了人们对无拘无束生活的向往和对品质的追求,如图 3-104 所示。

⬆ 图 3-104 工业风格的酒吧空间

二、工业风格设计手法

工业风格的基础色调无疑是"深"色调,辅以棕色、灰色、木色搭配,整体空间色彩的包容性高,可以用彩色的饰品、夸张的图案去搭配,以打破沉闷冰冷的感觉,使空间更具有亲切感。除了木质家具,造型简约的金属框架家具也能带来冷静的感受,金属元素的加入能够丰富工业感的主题,让空间利落有型。丰富的细节装饰也是工业风格表达的重点,搭配油画、水彩画、工业模型等会有意想不到的效果,如图 3-105 所示。

三、工业风格常用装饰元素

1. 色彩

工业风格家居多使用黑、白、灰和木色。住宅空间更适合木地板加局部黑灰色调的搭配,如果用水泥自流平地面,一定要多加地毯等织物,如图 3-106 所示。

✛ 图 3-105 工业风格的工作空间

✛ 图 3-106 工业风格的色彩搭配

2. 家具

工业风格的空间对家具的包容度很高,可以直接选择金属、皮质、铆钉等家具,如皮质沙发搭配铁艺茶几等,如图 3-107 所示。

3. 灯具

灯具可以选择极简风格的吊灯或者复古风格的艺术灯泡,甚至是霓虹灯。因为工业风格给人的整体感觉是冷色调,色系偏暗,为了起到缓和作用,可以局部采用点光源照明的形式,如复古的工矿灯、筒灯等,会有一种匠心独运的感觉,水晶吊灯应尽量少用或不用,如图 3-108 所示。

🕀 图 3-107　工业风格的家具搭配

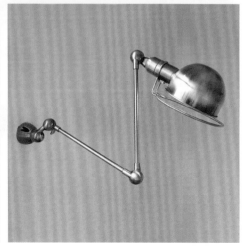

🕀 图 3-108　工业风格的灯具

4．铁艺制品

　　铁艺制品的家具、门窗、楼梯及饰品,持久耐用,粗犷坚韧,外表冷峻,酷感十足,在工业风格的室内空间中使用最为合适,如图 3-109 和图 3-110 所示。

☻ 图 3-109　工业风格的咖啡厅

☻ 图 3-110　工业风格的起居室

5. 饰品

在工业风格的家居空间中选用具有现代感的雕塑模型作为装饰,也会极大地提升整体空间的品质感。这些小饰品尽管体积不大,如果搭配得当,不仅能突出工业风的粗犷,还会显得品位十足,如图3-111所示。

⊕ 图 3-111 工业风格的居室空间

第四章
室内设计的色彩运用

色彩是自然界赋予人类生活最美好的"精灵",利用光在人眼中的色彩成像,使得人类认识了成千上万种的自然色彩,为我们构造了一个色彩斑斓的"花花世界"。色彩和绘画一样,是视觉艺术的表现手段,是一种"可视"的艺术语言。色彩的三要素及色相环是室内软装设计的基础,掌握室内装饰的配色方法在室内设计中可起到至关重要的作用,它不仅关系到室内设计的基调属性,同时也将空间的情感进行传递。

第一节　色彩的基础

任何一个色彩(除无彩色只有明度的特性外)都有明度、色相、纯度三方面的性质。因此,我们把明度、色相、纯度称为色彩的三要素。

一、色相和色相环

色相指色彩的相貌,是区别色彩种类的名称。色相是不同波长的光给人的不同色彩的感受。色相给人的感受是由波长决定的,只要色彩的波长相同,色相就相同,如图4-1所示。色相的种类很多,人眼可识别的色相约有160个,如孟塞尔的色相环,如图4-2所示。

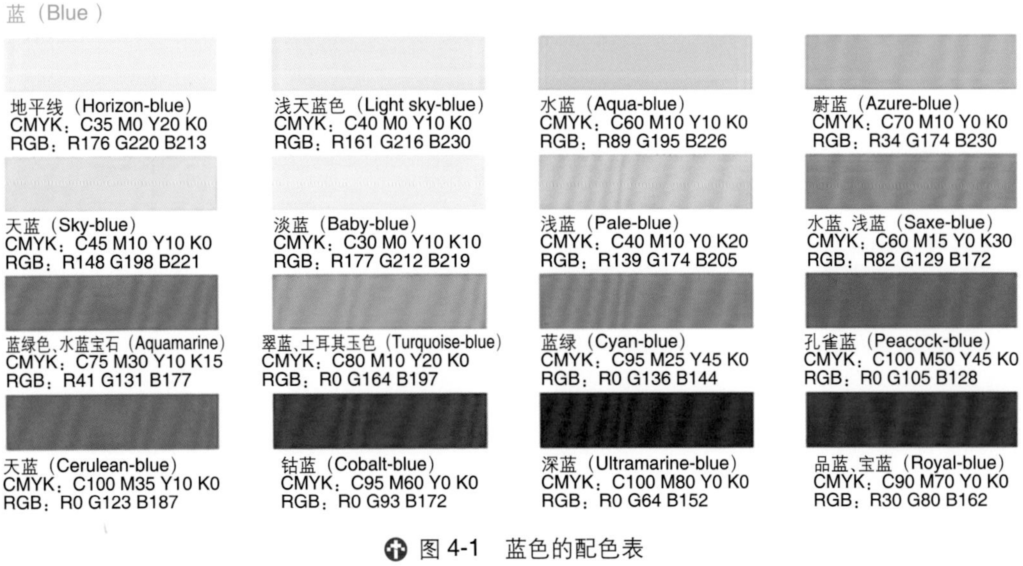

蓝（Blue）

地平线（Horizon-blue）
CMYK：C35 M0 Y20 K0
RGB：R176 G220 B213

浅天蓝色（Light sky-blue）
CMYK：C40 M0 Y10 K0
RGB：R161 G216 B230

水蓝（Aqua-blue）
CMYK：C60 M10 Y10 K0
RGB：R89 G195 B226

蔚蓝（Azure-blue）
CMYK：C70 M10 Y0 K0
RGB：R34 G174 B230

天蓝（Sky-blue）
CMYK：C45 M10 Y10 K0
RGB：R148 G198 B221

淡蓝（Baby-blue）
CMYK：C30 M0 Y10 K10
RGB：R177 G212 B219

浅蓝（Pale-blue）
CMYK：C40 M10 Y0 K20
RGB：R139 G174 B205

水蓝、浅蓝（Saxe-blue）
CMYK：C60 M15 Y0 K30
RGB：R82 G129 B172

蓝绿色、水蓝宝石（Aquamarine）
CMYK：C75 M30 Y10 K15
RGB：R41 G131 B177

翠蓝、土耳其玉色（Turquoise-blue）
CMYK：C80 M10 Y20 K0
RGB：R0 G164 B197

蓝绿（Cyan-blue）
CMYK：C95 M25 Y45 K0
RGB：R0 G136 B144

孔雀蓝（Peacock-blue）
CMYK：C100 M50 Y45 K0
RGB：R0 G105 B128

天蓝（Cerulean-blue）
CMYK：C100 M35 Y10 K0
RGB：R0 G123 B187

钴蓝（Cobalt-blue）
CMYK：C95 M60 Y0 K0
RGB：R0 G93 B172

深蓝（Ultramarine-blue）
CMYK：C100 M80 Y0 K0
RGB：R0 G64 B152

品蓝、宝蓝（Royal-blue）
CMYK：C90 M70 Y0 K0
RGB：R30 G80 B162

⊕ 图4-1　蓝色的配色表

色相环是一种工具，用于了解色彩之间的关系。最基本的色相环由 6 种颜色组成，分别是三原色和三间色，即红、黄、蓝和橙、绿、紫。在三原色与三间色的混合过程中，形成三复色，以此类推，色彩根据不同方式的混合与变化，逐渐形成了我们认识的多色色相环。在色相环中，12 色色相环是最为常见的，由 12 种基本颜色组成，每一色相间距为 30°。在 12 色色相环中，可找到三原色、三间色、三复色、邻近色、类似色、对比色和互补色，如图 4-3 所示。

✛ 图 4-2　色相环

为了方便记忆色相环，人们将色相环中的色彩联想成大自然的颜色，将色彩赋予生命，形成了蔬菜水果色相环、花卉色相环、自然色相环及儿童服饰色相环等不同种类的创意色相环，如图 4-4 所示。

二、明度

色彩的明度是指色彩的明暗程度。根据颜色在明暗、深浅上的不同变化，形成了色彩的另一重要特征——明度变化。在任何色彩中添加白色，其明度升高；添加黑色，其明度降低。明度最高的颜色是白色，最低的颜色是黑色。在色彩组合搭配上,明度差异大的色彩组合,可以达到时尚活力的视觉效果;明度差异小的色彩组合,可以达到稳重优雅的视觉效果,如图 4-5 ~图 4-7 所示。

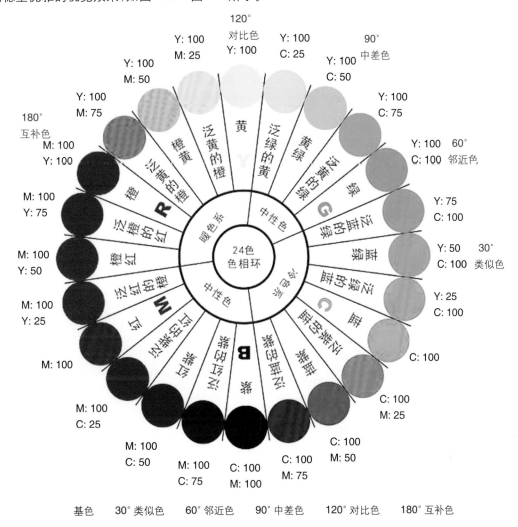

基色　　30°类似色　　60°邻近色　　90°中差色　　120°对比色　　180°互补色

⊕ 图 4-3　色相环及其配色表

蔬菜、水果色相环　　　　　　　　　　　　　　　　花卉色相环

⊕ 图 4-4　创意色相环

大自然色相环

儿童服饰色相环

⬆ 图 4-4（续）

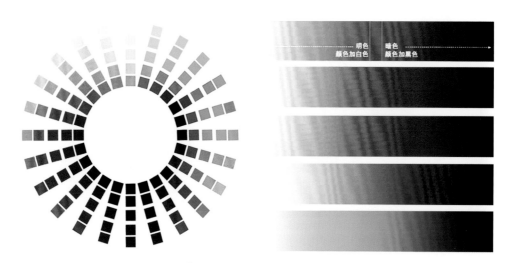

⬆ 图 4-5　色彩的明度变化

⬆ 图 4-6　明度差异大的时尚现代的办公空间

⊕ 图 4-7　明度差异小的稳重优雅的居住空间

三、纯度

色彩的纯度是指色彩的纯净程度,也可以指原色在色彩中所占的百分比及鲜灰的程度,也称为色彩的饱和度、艳度、浓度、彩度等。颜色混合的次数越多,纯度越低;反之,纯度越高。纯度最低的色彩是黑、白、灰等无彩色,原色是纯度最高的色彩。纯色因不含任何杂色,饱和度最高,因此,任何颜色的纯色均为该色系中纯度最高的色彩。纯度高的色彩给人鲜艳的感觉;纯度低的色彩给人素雅的感觉,如图 4-8 和图 4-9 所示。

四、色调

色调即色彩的格调,多指色彩明、暗、浓、淡、深、浅等状态,是将明度与彩度结合起来的表示方法。色调是影响配色效果的重要因素,室内空间通过色调的设计来营造室内空间的氛围,如图 4-10 所示。

🔁 图 4-8　高纯度的艳丽餐厅

🔁 图 4-9　低纯度的素雅卫生间

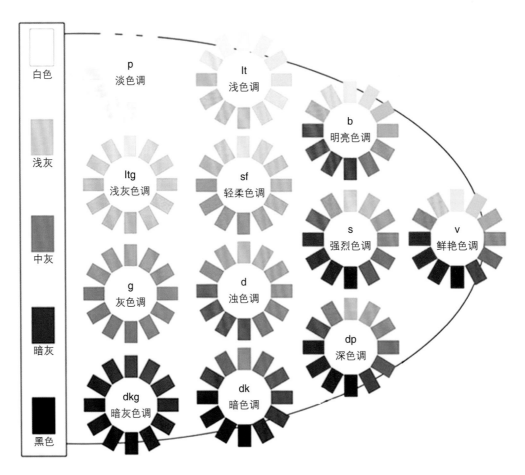

🔁 图 4-10　色调氛围表

第二节 室内装饰的配色方法

在室内设计中不仅要考虑各种色彩效果给空间塑造带来的限制性,同时更应充分考虑运用色彩的特性来丰富空间的视觉效果。运用色彩不同的明度、纯度和色调变化,可有意识地打造出严肃、活泼、优雅等不同的空间效果,如图4-11~图4-18所示。

✧ 图4-11 某控股集团前厅

✧ 图4-12 某控股集团董事长办公室

✧ 图4-13 某控股集团总经理办公室

图 4-14 "粤界"海鲜火锅餐厅（一）

图 4-15 "粤界"海鲜火锅餐厅（二）

图 4-16 上海 New Wave by Da Vittorio 餐厅（一）

⊕ 图 4-17　上海 New Wave by Da Vittorio 餐厅（二）

⊕ 图 4-18　深圳 ROARINGWILD 深业上城店

一、室内装饰的色彩组成

　　室内装饰的色彩组成，根据室内空间中色彩的面积和重点程度来划分，分为背景色、主体色和点缀色三种。背景色是室内空间中大块面积表面的颜色，如墙面、地板、天花板和大面积的隔断等颜色。主体色是大型家具和一些大型室内陈设所形成的大面积色块，它在室内色彩设计中具有一定的分量，如沙发、衣柜、桌面和大型雕塑或装饰品等。点缀色是室内中小型或易于变化的物体的颜色，如灯具、织物、艺术品和其他软装饰的颜色。在室内空间中，其色彩搭配比例多为 6：3：1，其中 6 为背景色、3 为主体色、1 为点缀色，这种搭配比例可以使室内空间中的色彩丰富，不显杂乱，主次分明，主题突出，如图 4-19 所示。

⬆ 图 4-19　室内空间色彩搭配

二、室内装饰色彩之间的关系

　　背景色作为室内的基色调,提供给所有色彩一个舞台背景,通常选用低纯度、含灰色成分较高的色彩,可增加空间的稳定感。主体色是室内色彩的主旋律,它体现了室内的风格,决定了环境气氛,并可创造意境。在面积较小的房间中,主体色宜与背景色相似,使之融为一体,使得房间看上去大一些;在面积较大的房间中,主体色则可选用背景色的对比色,使得主体色与点缀色同处一个色彩层次,以改善房间的空旷感。点缀色作为最后协调色彩关系的颜色也是必不可少的,点缀色的巧妙穿插,使得色彩层次丰富,对比强烈。

　　一般来说,室内色彩设计的重点在于主体色。主体色与背景色的搭配要协调中有变化,统一中有对比,才能成为视觉中心。通常三者的配色步骤是由最大面积开始,由大到小依次确定,如图 4-20 和图 4-21 所示。

⊕ 图 4-20　现代时尚卧室色彩搭配

⊕ 图 4-21　明亮清秀的卧室色彩搭配

第三节　室内色彩与情感表达

　　在室内空间中,色彩是最容易被观察的元素,整体空间的情感设计需要通过色彩传递给大家。在室内空间中,我们常用的色系有白色系、灰色系、绿色系、蓝色系、紫色系、粉色系、红色系、橙色系、黄色系及棕色系。每种色系都传达一种情感,设计师喜欢用色彩来传达对空间的情感认知,这也是设计师在设计室内空间时常用的设计手法。

　　白色系具有素雅且丰富的情感表达。在室内设计中,白色是无可取代的,它既是最普通的又是最时尚的存在。高雅、圣洁的白百合,是少女神圣的婚纱;温暖、舒适的冬日白,是冬日清晨阳光的拥抱;清新、脱俗的亮白色,是天山冰清玉洁的雪莲,如图 4-22 和图 4-23 所示。

　　灰色系具有百搭特性与艺术气质。灰色可以体现人们典雅中性的态度,也可以体现人们高雅柔和的意向。它既可以搭配冷色调的蓝色、绿色,带来似水年华般的意境;也可以与鲜艳色调相映成趣,集古典气质和当代艺术于一室。灰色是永远的流行色,无论搭配何种材质的家具和纹样,都可以与它们结合得十分紧密,如图 4-24 ～图 4-26 所示。

　　绿色系代表人们回归自然、不忘初心。绿色是还原自然本色的语言,更是展现自由新生、激发活力因子的灵感源泉。拥有治愈不良情绪效果的绿色,将人的思绪带到更为广阔的自然世界。绿色系的室内配色方案,可带领人们回归自然,畅快呼吸,享受诗意的悠然快乐,如图 4-27 ～图 4-31 所示。

✝ 图 4-22　温州顶层复式居所设计（一）

✝ 图 4-23　温州顶层复式居所设计（二）

✝ 图 4-24　上海 THE MIDDLE HOUSE 酒店（一）

✪ 图 4-25 上海 THE MIDDLE HOUSE 酒店（二）

✪ 图 4-26 上海 THE MIDDLE HOUSE 酒店（三）

✪ 图 4-27 上海华天科技办公空间（一）

图 4-28　上海华天科技办公空间（二）

图 4-29　西安虫子 Amber Meeting 办公室（一）

图 4-30　西安虫子 Amber Meeting 办公室（二）

⊕ 图 4-31　珠海启科量子办公室

　　蓝色系代表了大海与天空。蓝色总能给人无穷的想象空间,是海洋与天空的色彩,如同天气一般神秘莫测,时而和风细雨,时而惊涛骇浪。藏蓝色静谧深邃,充满着高贵而神秘的力量;孔雀蓝的优雅浪漫,俘获了无数女人的芳心。当蓝色与白色搭配,可以带来清凉优雅的舒适感;而将其大量融于布艺印花,则传达的是古老青花的不朽神韵,如图 4-32 ～图 4-34 所示。

⊕ 图 4-32　厦门观音山会所

⊕ 图 4-33　江宁暗夜秘境 MKING PartyK（一）

⊕ 图 4-34　江宁暗夜秘境 MKING PartyK（二）

　　紫色系是高贵典雅的女性象征。紫色来自于宫廷，也来自于自然，它是一种雍容华贵的色调，代表着权利与信仰。紫色在室内很难运用，因此紫色的配色方案更显珍贵。紫色的可塑性极强，绛紫色可以带来宫廷的奢华气质，兰花紫则淡雅到如梦如幻。除了作为背景色大面积使用之外，它更多地被运用在沙发、靠包以及装饰挂画上，在这里我们看到了古典和现代相辅相成，如图 4-35 ～图 4-37 所示。

✛ 图 4-35　南京首家风味茶精品店（一）　　　　✛ 图 4-36　南京首家风味茶精品店（二）

✛ 图 4-37　广州 NOT CLUB 酒吧

粉色系是营造人们的梦境的专属色彩。粉色儿乎就是女人的专属色彩,它浪漫而甜美的色调装饰着每一个女人的梦想。它更多地被运用在较为私密的女性空间中。在室内设计中,甜美的粉色是让人无法抗拒的,显示出女性公主般的高贵。它与绿色搭配带来的是浪漫与娇宠的少女气息,而与紫色搭配则有着高贵冷艳的气质。但无论怎样搭配,它都会是我们营造梦境的最佳选择,如图 4-38 ～图 4-40 所示。

红色代表着活力热情,是一种鲜明的、有生气的色彩,给人一种热烈、外向的感受,它既可以增加阴暗房间的亮度,也可以为质朴空间增加时尚感。红色与灰色搭配,在素雅的暗色调中加入鲜亮颜色,会显得高雅、富有现代感。而与冷静的蓝色搭配,则可以起到强烈的视觉冲击作用,成为空间中抢眼的色彩。红色的运用,可以让空间充满幻想和童真,让绚丽的色彩给人带来愉悦感,如图 4-41 ～图 4-43 所示。

图 4-38　北京安蒂森美容院（一）

图 4-39　北京安蒂森美容院（二）

图 4-40 上海珂思美快闪店

图 4-41 深圳 2046 餐厅（一）

🔓 图 4-42 深圳 2046 餐厅（二）

🔓 图 4-43 深圳 2046 餐厅（三）

　　橙色系是活力四射的"动感精灵"。介于红色与黄色之间的橙色，色泽明媚而温馨，火热而欢快，用最朴实的语言诉说着最动人的情话。色泽亮丽的橙色作为暖色系中最温暖的颜色，在室内搭配中有着至关重要的地位。满目的橙色背景，让人联想到硕果累累的金秋季节，幸福而欢快。用惹人注意的橙色点缀，并与柔和的色彩相搭，活力满满，温馨醉人，如图 4-44 ～图 4-46 所示。

　　黄色系充满温馨感和正能量。如阳光般温暖的黄色是乐观主义的象征，带来生命的喜悦、收获的甜蜜，它赋予空间温度和能量。从给人性情温婉感觉的米黄色到给人热情丰收感受的金黄色，它们或怀旧，或现代，或传统，或时尚。当它与暖色调搭配，活力与温馨表现得淋漓尽致；而与冷色调碰撞，冷暖平衡中可以感受浪漫静谧之美，如图 4-47 ～图 4-50 所示。

✪ 图 4-44　北京 Feel Coffee（一）

✪ 图 4-45　北京 Feel Coffee（二）

⊕ 图 4-46　上海 TU 服装店

⊕ 图 4-47　秦皇岛 ARANYA 儿童餐厅

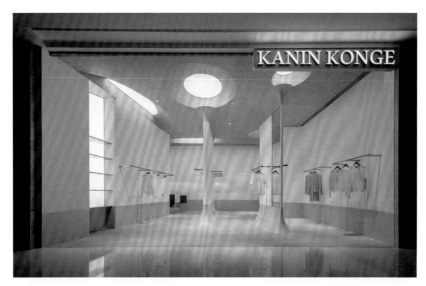

✛ 图 4-48　上海兔皇羊绒服装店（一）

✛ 图 4-49　上海兔皇羊绒服装店（二）

✛ 图 4-50　南通金地至尚 GOGO MALL 营销中心

棕色系具有温文尔雅的低调感。源于大地色系的棕色,色调温润柔和,沉静内敛,让人联想到茂密的丛林、裸露的木材、充满质感的皮革。它的沉稳与低调在室内搭配中有着举足轻重的地位,它可以与帝王蓝的高贵相协调,与晚霞色的温馨相伴,又可以突出中国红的热情,凸显珊瑚粉的清新浪漫。它具有温文尔雅的绅士情怀,传承着自然的宽广包容,成为室内设计中无法或缺的色彩,如图 4-51 ~图 4-54 所示。

⊕ 图 4-51　杭州丘末茶研所(一)

⊕ 图 4-52　杭州丘末茶研所(二)

⊕ 图 4-53　杭州丘末茶研所(三)

✈ 图 4-54　杭州丘末茶研所（四）

第四节　室内风格与配色方案

一、新中式风格配色方案

1．新中式风格配色要点

　　新中式风格不是对传统室内风格的简单复制，而是用现代的审美和表现手法，继承并发扬传统文化的精髓，是传统元素与现代手法的完美结合。新中式风格的色彩定位早已突破原木色、红色、黑色等传统中式风格的室内色调，其用色的范围非常广泛，有浓艳的红色、绿色，有水墨画般的淡色，甚至还有浓淡之间的中间色，恰到好处地起到调和的作用。

　　新中式风格的色彩趋向于两个方向发展：①富有中国画意境的色彩属于淡雅清新的高雅色系，以无色彩和自然色为主，能够体现出居住者含蓄沉稳的性格特点；②富有民俗气息的色彩属于鲜艳的高调色系，这种类型通常以红、黄、绿、蓝等纯色调为主，映衬出居住者外向、开朗的性格，如图 4-55 所示。

✈ 图 4-55　新中式风格配色方案

2．新中式风格配色案例解析

（1）中式的诗情画意

倪峭石凸显其轻灵，且带有轻而不佻的潇洒感，通过四联幅的工笔山水倚竹情展示其中。灰蓝色的背景墙搭配金色的格栅，稳重而贵气。体积巨大的水晶吊灯、鲜艳的黄色团簇鲜花，都为贵气的空间注入奢华的元素。序列感强烈的原木方形地板，在造型及色彩上都与格栅、餐椅包布遥相呼应，地板中白色的围边凸显空间的立体感，空间中的精彩就在于此，如图 4-56 所示。

⊕ 图 4-56　新中式风格餐厅（一）

（2）大汉传说

宽大的袖口上衣，仿佛可以回到过去；现代的中式家具，又将我们的视线引回。好似罗汉床的四柱沙发，搭配竖条格栅沙发，再配两把单人休闲椅，空间内坐具面料色彩统一，但样式有所变化，形成变化而统一的室内空间。蓝色真丝靠包与黄色迎春花形成对比，同时可点缀空间，活跃氛围，如图 4-57 所示。

（3）令人迷醉的中国红

开阔高挑的格局，让餐厅空间显得大气磅礴。显眼的通高背景墙成为视觉焦点。背景两边对称的中国红为空间的氛围增添了几分喜气，中间的水墨写意大理石，让空间的喜气富于动感。灯笼状的黑色水晶吊灯像一个穿着黑衣的舞者，给空间带来神秘的华贵感，青花瓷的台灯更为空间增添了一丝柔美典雅的意蕴。令人迷醉的中式餐厅，红的精彩，红的奢华，如图 4-58 所示。

（4）心莲

"莲之禅语，恰然空灵"的新中式风格摄人心魄。色彩上，床上的蓝底金纹抱枕的蓝色与深灰色窗帘上流苏的蓝色完成了空间的色彩点缀。造型上，围屏样的床屏造型，搭配仿中式食盒的床头柜，别致出彩。图案上，床上滚枕的花鸟图案延续了床头壁纸的梅花图案，床头柜上的莲花配饰与床旗上的干莲蓬，有力提升了空间的整个意境，素雅而空灵的新中式卧室，让人久久不能忘怀，如图 4-59 所示。

⬆ 图 4-57　新中式风格起居室

⬆ 图 4-58　新中式风格餐厅（二）

⬆ 图 4-59　新中式风格卧室

二、现代港式风格配色方案

1．港式风格配色要点

港式风格室内设计是指中国香港的室内设计风格，也是一种古今包容并存、中西合璧的代表风格，大体可以分为现代港式、乡村港式、英伦港式和怀旧港式四种潮流，其中，港式风格以现代港式为主。港式风格多以金属色和线条感营造金碧辉煌的豪华感，色彩冷静、简洁而不失时尚。

港式风格不追求跳跃的色彩，黑、白、灰是其常用的颜色。同一套居室中没有对比色，基本是同一个色系，比如米黄色、浅咖啡、卡其色、灰色系或白色等，凸显出港式的冷静与深沉。

港式风格配色方案，如图 4-60 所示。

❶ 图 4-60　港式风格配色方案

2．港式风格配色案例解析

（1）枫情

玻璃窗后的红色枫叶树，成为整个餐厅的视觉焦点。白色墙面搭配金属外框的玻璃窗，为空间注入时尚的元素及色彩。孔雀蓝与珊瑚粉色的搭配形成对比，在无色系的白色、灰色、金色的衬托下更显娇艳，如图 4-61 所示。

（2）珠帘璧合

对称是种严肃的美，但在弧形的沙发参与中，让人得到了意想不到的放松。铜质的组合圆几，呼应着沙发的线条，自然而惬意。明黄色纯色单椅，与墨绿色沙发靠包相协调。壁炉上方的装饰镜，通过整体造型的选择，用线条将空间概括，可谓是珠联璧合，如图 4-62 所示。

（3）激情红与典雅灰

黑、白、灰三色作为空间的主体色调，涵盖了墙面色、地面色、主体家具色及窗帘色。在无色系的空间中，利用材质、图案的变化，是中性柔和空间常用的表现手法。温润的白色大理石，搭配清透、飘逸的纱帘，凸显了典雅、浪漫的氛围。餐桌红色、橘色的花艺更为空间的使用者敲响了沉睡的心灵，如图 4-63 所示。

（4）夜空

午夜蓝的灵魂中流淌着古典艺术的细胞，深邃如梦幻的色彩，金色华丽的闪耀为其重生加冕。大面积午夜蓝色的窗帘将环境营造为无人烦扰的幽静之地，丝绒的材质凸显了空间的品质感。黑白色对比的家具与黑色暗格地毯的搭配相得益彰，金属质感的配饰和灯具点缀成为时尚焦点，宛如夜空一样华美，如图 4-64 所示。

⬆ 图 4-61　港式风格餐厅（一）

⬆ 图 4-62　港式风格起居室

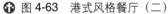

⊕ 图 4-63　港式风格餐厅（二）　　　　　　　　　　⊕ 图 4-64　港式风格卧室

三、东南亚风格配色方案

1. 东南亚风格的配色要点

东南亚风格的特点是色泽鲜艳、崇尚手工,自然温馨中不失热情华丽,通过细节和软装来演绎原始自然的热带风情。在色彩方面它有两种取向:一种是融合了中式风格的设计,以深色系为主,例如深棕色、黑色等,令人感觉沉稳大气;另一种则受到西式风格设计的影响,以浅色系较为常见,如珍珠色、奶白色等,给人轻柔的感觉,而材料则多经过加工染色的过程。

在东南亚风格的软装设计中,最抢眼的要数绚丽的泰丝。由于地处热带,气候闷热潮湿,为了避免空间的沉闷压抑,因此在装饰上用夸张艳丽的色彩冲破视觉的沉闷。而这些斑斓的色彩全部来自五彩缤纷的大自然,在色彩上回归自然便是东南亚风格最大的特色,如图 4-65 所示。

2. 东南亚风格配色案例解析

（1）典雅大气的泰式客厅

柚木色实木线条搭配镂空格栅,酒红色的绒面与白瓷砖装饰墙面,与实木拼接的尖顶造型,在温暖的灯光下,营造出泰式风格特有的典雅深邃。中心对称的布局摆放,庄重沉稳。实木雕刻的大象矮凳,生动而富于泰式风情。正中的菩提叶雕刻摆件及两侧书柜内饰品,都以其精致、朴拙的造型展现出来。质朴随性的麻质白纱与整洁利落的白色棉麻布艺形成对比,一柔一稳,传达出泰式空间的温柔与大气,如图 4-66 所示。

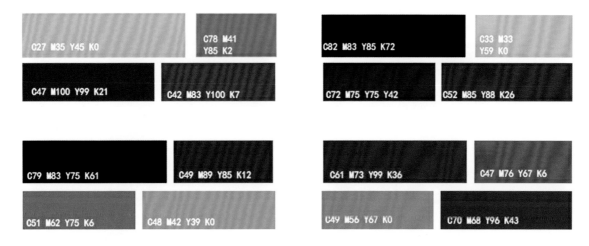

C27 M35 Y45 K0	C78 M41 Y85 K2
C47 M100 Y99 K21	C42 M83 Y100 K7
C79 M83 Y75 K61	C49 M89 Y85 K12
C51 M62 Y75 K6	C48 M42 Y39 K0

C82 M83 Y85 K72	C33 M33 Y59 K0
C72 M75 Y75 Y42	C52 M85 Y88 K26
C61 M73 Y99 K36	C47 M76 Y67 K6
C49 M56 Y67 K0	C70 M68 Y96 K43

⊕ 图 4-65　东南亚风格配色方案

⊕ 图 4-66　典雅大气的泰式客厅

（2）具有现代感的泰式风情卧室

生动的美人蕉手绘墙面,让空间赋予了夏天的味道。粉红色的火烈鸟在海边觅食,仿佛置身于海边,与火烈鸟一同感受着清凉的夏风。借着墙面与挂画中的色彩,整体呈现出孔雀绿与玫红色的对比,成为空间主要色彩,创造出妩媚动人的泰式风情。超大的双人床与床尾凳的组合,搭配长款的手绘作品,在现代的黑白棱形格子地毯的映衬下,使空间更具现代感,如图 4-67 所示。

⊕ 图 4-67　具有现代感的泰式风情卧室

四、法式风格配色方案

1. 法式风格配色要点

法式风格空间中弥漫着复古、自然主义的格调,最突出的特征是贵族风范。其中法式宫廷风格的空间往往使用白色、淡粉色、薄荷绿色、紫罗兰色等淡雅且没有强烈对比的颜色;法式新古典风格通常以白色、亚金色、咖啡色等为主色。法式田园风格保留了法式宫廷的白色基调,简化了雕饰,摒弃了奢华的金色,加入了富有田园雅趣的碎花图案,更显清新淡雅,如图 4-68 所示。

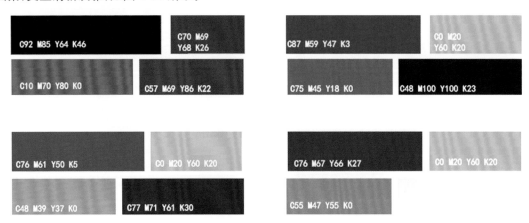

C92 M85 Y64 K46	C70 M69 Y68 K26	C87 M59 Y47 K3	C0 M20 Y60 K20
C10 M70 Y80 K0	C57 M69 Y86 K22	C75 M45 Y18 K0	C48 M100 Y100 K23
C76 M61 Y50 K5	C0 M20 Y60 K20	C76 M67 Y66 K27	C0 M20 Y60 K20
C48 M39 Y37 K0	C77 M71 Y61 K30	C55 M47 Y55 K0	

⊕ 图 4-68　法式风格配色方案

2. 法式风格配色实战案例解析

(1)法式夏日阳光卧室

淡蓝色的墙面搭配烟灰色的双人床,柔粉色的床品、短裙,给人以夏天的凉爽。原木色的地板、边柜搭配纯白色的棚顶角线,让空间更显干净利落。当阳光撒入室内,墙角的绿植正依在阳光中慢慢生长,微微清风,萦绕着整个房间,如图 4-69 所示。

⚓ 图 4-69 法式夏日阳光卧室

（2）法式田园餐厅

精致的灰色墙面配合曲面造型，复古而别致。远处拱形走廊的尽头是泥土色浮雕壁炉，吸引着人们的目光，传递出朴素、自然的气息。近处餐厅的灰蓝色棉麻包布餐椅，搭配现代的椭圆桌，印花的纯棉窗帘，传达出法式的田园气息，如图 4-70 所示。

⚓ 图 4-70 法式田园餐厅

（3）现代的法式宫廷画卷

神圣、纯洁的法式客厅让人眼前一亮，浅蓝色、珊瑚色成为空间中的亮色。法式风格的再现更多地表现在家具的造型及纹样上，有华丽图案的法式屏风、新古典卵形靠背锥腿单椅、奖杯状的陶瓷制品，到处都体现出法式宫廷的符号，如图 4-71 所示。

⊕ 图 4-71　现代的法式宫廷画卷

五、新古典风格配色方案

1. 新古典风格配色要点

新古典风格在色彩的运用上打破了传统古典主义的厚重与沉闷,常用典雅的白色、清新的黄色、华贵的金色和独具韵味的暗红色。其中米黄色一直是新古典风格常用的颜色,它可作为墙面、地板、瓷砖、家具、窗帘的颜色,暗红色常作为家具和灯具的颜色。白色与金色也是新古典风格中很典型的色彩搭配,例如客厅中的墙面是白色,沙发的雕刻上通常会有金箔的点缀,如图 4-72 所示。

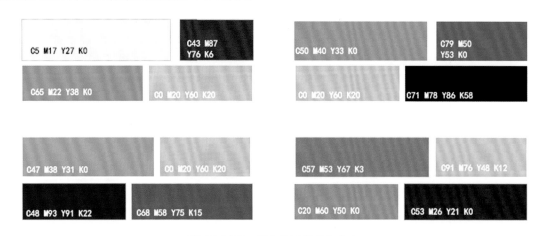

⊕ 图 4-72　新古典风格配色方案

2. 新古典风格配色实战案例解析

（1）金仓渡

在新古典风格卧室的搭配中,黑檀和高亮的漆纹体现时尚的氛围,以黑色与金色的搭配彰显设计的品位,体现奢华的韵味。简约的皮质床头,黑檀高光的床头柜,夸张的皮毛床品,打造出充满个性魅力的室内方案,如图 4-73 所示。

✿ 图 4-73　新古典风格卧室

（2）日落大道

　　蓝绒布的沙发，配上浅黄色或灰白色调装饰，是最有气质的室内设计。墙面、沙发、地毯、挂画、灯具相互补充，保证了空间的完整性。充满艺术感与造型感的装饰品的补充凝练着空间的艺术魅力，如图 4-74 所示。

✿ 图 4-74　新古典风格起居室（一）

（3）如风过境

源源不断的甜美因子从配色的清新和雅致中传递出来,淡蓝色与珊瑚色,一软一硬,一深一浅,色彩悄无声息地飘散开来。图案的用法自然妙不可言,抽象的几何图案靠包叠加在素色靠包面前,既增添了鲜活气息,又丰润了色彩装饰的层次,如图 4-75 所示。

✚ 图 4-75　新古典风格起居室（二）

六、美式风格配色方案

1. 美式风格配色要点

美式风格一向追求的是自然简约、舒适自由,不同于欧式风格中的金色运用,美式风格更倾向于使用木质本身的单色调。大量的木质元素使美式风格空间给人一种自由闲适的感觉。传统美式风格的色彩较为浓厚,以深褐色、较深的原木色点缀绿色最为常见。另外,淡雅柔和的轻美式风格也逐渐被人们接受,在色彩的搭配上多选用白色、浅绿色等。

美式风格家具以深色为主,如深咖啡色、棕色等,也有部分浅色美式风格家具。如果美式风格客厅墙面的颜色偏深,那么沙发可以选择枫木色、米白色、米黄色、浅色竖条纹等;如果墙面的颜色偏浅,沙发就可以选择稳重大气的深色系,比如棕色、咖啡色等,如图 4-76 所示。

2. 美式风格配色案例解析

（1）林肯的客厅

奢华古典的美式风格,尽显眼前。整体空间色彩比较厚重,是古典美式风格常用的色彩表现。硬装以深色黑胡桃为主,家具色彩以厚重的棕色为主,只有地毯以明快的花纹驼色羊毛为主形成对比。整个空间搭配传统的欧式写实油画并配金色雕刻画框,极尽奢华,如图 4-77 所示。

⊕ 图 4-76　美式风格配色方案

⊕ 图 4-77　美式风格的客厅

(2) 复活节

舒适、大气的美式家具,给人深刻的印象。在保留了古典家具的色泽和质感的同时,又注入现代生活空间。做旧,是美式古典风格的一大特点,风蚀、虫蛀、喷损、锉刀痕、马尾、蚯蚓痕等都是美式古典家具经常头用的手法。装饰品多以金属铁艺、棉麻、陶、瓷、动物毛皮为首选,点缀绿色花艺,使整体空间稳重、大气又不失雅致,如图 4-78 所示。

(3) 夕阳

客厅拥有米黄色的坡屋顶墙面,原木的木梁成为空间中的点睛之笔。布艺沙发、窗帘都以墙面色为主,同色系的花卉图案点缀其中,米黄色贯穿始终。家具通过腿部的造型来体现主人对生活细节品质的追求。即使是那盏铁艺双层圆形烛台吊灯,也并不会让人感觉粗陋,反而让人感觉主人优雅、大气且不失细腻。红色的皮革沙发和花艺成为空间仅有的亮色,平衡且柔化了美式风格韵味,如图 4-79 所示。

✪ 图 4-78　美式休闲客厅

✪ 图 4-79　午后夕阳下的美式客厅

七、地中海风格配色方案

1．地中海风格配色要点

地中海风格是起源于地中海沿岸的一种室内设计风格,是海洋风格装修的典型代表,因富有浓郁的地中海人文风情和地域特征而得名,具有自由奔放、色彩多样明媚的特点。地中海风格的最大魅力来自其高饱和度的自然色彩组合。但是由于地中海地区国家众多,呈现出很多种特色。

西班牙、希腊以蓝色与白色为主,这也是地中海风格最典型的搭配方案,两种颜色都透着清新自然的气息。意大利南部以金黄向日葵花色为主;法国南部以薰衣草的蓝紫色为主,极具自然的美感;北非特有的沙漠及岩石等自然景观,以红褐、土黄的浓厚色彩组合打造出大自然的明亮色彩。地中海风格配色方案如图 4-80 所示。

⊕ 图 4-80　地中海风格配色方案

2．地中海风格配色案例解析

(1) 宁静的假日午后

采用质感轻盈的婴儿蓝作为墙面和主体沙发的色彩,加上浅灰色几何线条窗帘,打造出安静的客厅氛围。橘红色的印花靠包、婴儿黄的草编收纳篮,色彩的碰撞,打破了宁静的室内氛围,添加了许多欢乐。亮白色的单人沙发饰面、茶几、边几等家具的结合,仿佛是浮云淡薄的天空,在微风轻抚过后,清新而浪漫,如图 4-81 所示。

(2) 美丽的花园

大面积的蓝色墙面醒目而跳跃。在大面积蓝色的包围下,米黄色的三人布艺沙发格外显眼。墙面的蓝色依然无法表达设计师对它的热爱,纯色的单人沙发、单椅包布依然选用了墙面的颜色。星星点点的红色和黄色可以衬托墙面的色彩,如图 4-82 所示。

八、现代简约风格配色方案

1．现代简约风格配色案例解析

现代简约风格在设计上强调功能性与灵活性,相比传统风格,摒弃了大量花纹繁复的硬装造型和精致雍容的软装配饰,透亮的空间更重视几何造型的使用。

⊕ 图 4-81 宁静的地中海风格客厅

⊕ 图 4-82 地中海风格书房

简约风格在色彩的选择上比较广泛,只需遵循清爽的原则,颜色和图案依据居室本身及使用者的情况而定。在很多人的心目中,觉得只有白色才能代表简约,其实不然,原木色、黄色、绿色、灰色甚至黑色都可以运用到简约风格室内设计中。黑、白、灰色调在现代简约的设计风格中被作为主要色调广泛运用,让室内空间不会显得狭小,反而有一种鲜明的感觉。此外,简约风格运用苹果绿、深蓝、大红、纯黄等高纯度色彩,可给人以视觉上的冲击。现代简约风格配色方案如图 4-83 所示。

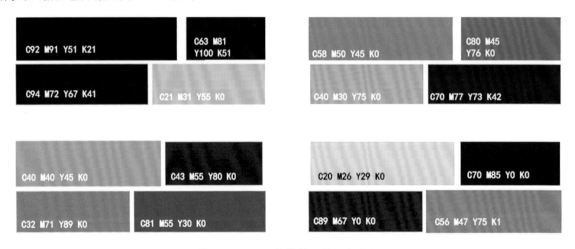

| C92 M91 Y51 K21 | C63 M81 Y100 K51 |
| C94 M72 Y67 K41 | C21 M31 Y55 K0 |

| C58 M50 Y45 K0 | C80 M45 Y76 K0 |
| C40 M30 Y75 K0 | C70 M77 Y73 K42 |

| C40 M40 Y45 K0 | C43 M55 Y80 K0 |
| C32 M71 Y89 K0 | C81 M55 Y30 K0 |

| C20 M26 Y29 K0 | C70 M85 Y0 K0 |
| C89 M67 Y0 K0 | C56 M47 Y75 K1 |

⊕ 图 4-83 现代简约风格配色方案

2. 现代简约风格配色案例解析

(1) 现代画廊

纯白色的背景墙、灰色曲面沙发与深灰色的麻纱窗帘形成一个有机的整体。柠檬黄的单人沙发内侧包布与地毯中的黄色相呼应,点亮了空间。青铜半身像雕塑、地毯上银色猎豹雕塑,使空间呈现出独特的艺术氛围。中式意境的插花搭配简洁的酒杯形茶几,在光影的参与下,使空间更富变化,更有趣味,如图 4-84 所示。

⊕ 图 4-84 现代简约大气的客厅空间

（2）立体派

简洁、立体的空间设计会给人留下深刻的印象。点、线、面的家具、灯具造型,颜色以冷暖色变化为主,从而达到合理且舒适的氛围。大叶的绿植成为空间中生命的象征,并且更好地诠释了空间感,如图 4-85 所示。

⊕ 图 4-85 现代简约的客厅

（3）享受静心

灰色系的室内空间搭配天然黑胡桃色地板,给空间奠定了理性基调。深咖色的软包床头与六斗边柜,为灰色空间注入沉稳的色彩。灰蓝色丝质靠包搭配墙面装饰画,丰富了空间色彩层次,可以说是点睛之笔。灰色系的卧室,让人们的心灵得到栖息,享受远离喧嚣的私密,如图 4-86 所示。

⊕ 图 4-86　简约宁静的卧室空间

九、北欧风格配色方案

1．北欧风格配色要点

北欧是一个相对寒冷的地区,日照时间相对较短,主要代表国家有挪威、丹麦、瑞典、芬兰及冰岛等。北欧风格给人的感觉是干净明朗,绝无杂乱之感。

在室内色彩的选择上,北欧风格偏向浅色,如白色、米色、浅木色等。也可以以黑白色为主,然后通过各种色调鲜艳的棉麻织品或装饰画来"点燃"空间,这也是北欧搭配的原则之一。黑白色在软装设计中属于"万能色",可以在任何场合同其他色彩搭配,但在北欧风格的软装方案设计中,黑白色常常作为主色调或主要的点缀色使用。北欧风格配色方案如图 4-87 所示。

⊕ 图 4-87　北欧风格配色方案

2．北欧风格配色案例解析

（1）三角几何的搭配灵魂

北欧风格主要以浅枫木色为家具的主体色调,搭配明度高的黄色与水蓝色,在视觉上形成夺目的效果。同时搭配蓝灰拼色的菱形几何地毯,在色彩造型上,与单椅的颜色和单椅的几何造型相呼应,用几何纹样的地毯烘托客厅家具,形成良好的视觉感受,如图 4-88 所示。

图 4-88　现代北欧风格客厅

（2）生动、俏皮的女生卧室

纯白色的墙面,搭配亮白色的六斗边柜,米白色的亚麻窗帘呼应金属质感的吊灯,形成简单而实用的室内背景色。草编的装饰镜及原木梯子,在白色墙面的映衬下显得更为生动、俏皮。与此同时,整体空间又将水蓝色的床盖、棉质印花的床搭及焦糖、蜂蜜、深蓝三色靠包凸显出来,创造出宁静而又俏皮的小女生卧室,如图 4-89 所示。

图 4-89　北欧风格卧室

十、工业风格配色方案

1. 工业风格配色要点

工业风格最早起源于废旧工厂的改造,因为一些废旧的工厂被弃之不用,经过简单改造,即可以成为艺术家们进行创作兼居住的地方。后来这种颓废、冷酷又具艺术性的风格就演变成了工业风格装修。

黑、白、灰色系十分适合工业风格,黑色神秘冷酷,白色优雅轻盈,灰色高贵典雅,三者搭配使用可以创造出更多的变化。同时,工业风格是一种"艺术范"的风格,在色彩上可以用玛瑙红、复古绿、克莱因蓝以及明亮的黄色等作为辅助色来进行搭配。工业风格配色方案如图4-90所示。

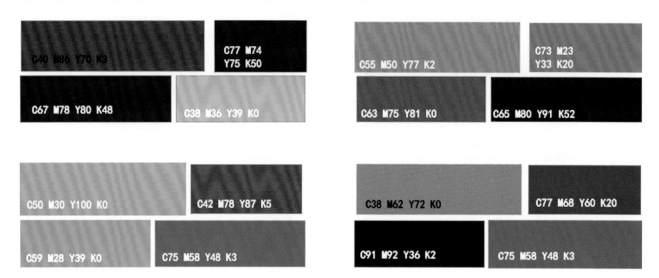

圆 图4-90 工业风格配色方案

工业风格的主要元素都是无彩色系,无彩色系略显冰冷,但这样的氛围对色彩的包容性极高,所以在软装配饰中可以大胆用一些彩色的图案和油画等内容,不仅可以减少黑、白、灰的冰冷感,还能营造一种温馨的氛围。

2. 工业风格配色案例解析

(1)不张扬的低调奢华

略显发旧的白色墙面,搭配深灰色的双人床屏,一深一浅,凸显双人床的存在感。大面积的灰色千鸟格床盖和质地柔软的灰蓝色搭毯,搭配同色系的真丝靠包,更凸显其不凡的奢华品位。无框的黑白装饰画以其不加修饰的手法与空间色彩相融。银色拉丝的灯罩,在显示其奢华的同时为空间增添艺术氛围,尽显低调奢华,如图4-91所示。

(2)黑白与绿色的相约

黑白色调的餐厅,坡屋顶的造型降低了空间的使用高度,远处的开敞式厨房,又拉伸了空间的距离。大脚轮的黑色铁艺餐桌搭配黑色铁网餐椅,虽同为黑色,但在白色的环境中,凸显其时尚的品位,如图4-92所示。

⊕ 图 4-91　工业风格卧室

⊕ 图 4-92　工业风格餐厅

第五章
软装与陈设艺术设计
的设计流程及方案制作

第一节　软装设计流程

　　软装设计作为室内空间的第二次设计表现,不仅要丰富空间层次,同时要营造出空间氛围,给予人们美好的视觉体验和舒适的心理感受。优秀的软装设计方案是设计师、甲方、软装材料生产商等多方面不断磨合的产物,更是一种文化的积淀和智慧的体现,软装设计操作流程如图 5-1 所示。

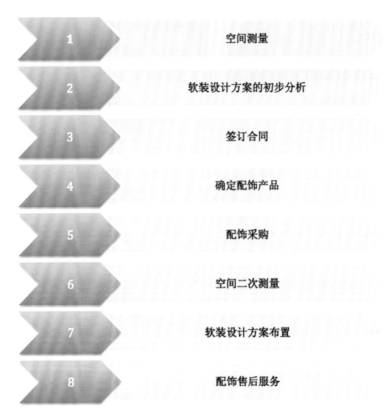

1	空间测量
2	软装设计方案的初步分析
3	签订合同
4	确定配饰产品
5	配饰采购
6	空间二次测量
7	软装设计方案布置
8	配饰售后服务

⬆ 图 5-1　软装设计操作流程

1. 空间测量

　　空间测量是设计师初步现场勘测、了解硬装基础、测量空间的第一步,它包括拍摄空间内部及整体视频留影,收集硬装节点,确定空间尺寸,绘制平面图和立面图。根据现场的实际情况,与甲方进行现场沟通,确定设计细节。

2．软装设计方案的初步分析

设计师根据甲方的设计需求,初步分析硬装的设计风格。详细分析硬装现场的空间结构、色彩色调关系、协调硬装与后期软装配饰的和谐统一,确定软装设计的基调。初次设计的内容包括风格定位、主题定位、人群分析、色彩设计等,还包括每个空间的家具、灯具、布艺、饰品、挂画及花艺的搭配组合。方案确定后,与甲方进行现场的沟通与汇报,同时也可以通过竞标的方式确定设计方案的价格。

3．签订合同

在确定设计方案及报价后,双方签订设计合同。合同中,要明确写出双方的职责和权利,写清违规条款及赔偿协议。确定付款日期、实施周期、进场日期和摆场时间等。

4．确定配饰产品

签订合同后,设计师需要分析空间因素,初步选择软装配饰产品。根据现场尺寸、空间比例,对细部进行二次设计,对产品尺寸进行核实。特别是家具尺寸要进行全面核实,反复确认现场的合理性。初步配饰方案经客户确认后,双方签订配饰采购合同。

5．配饰采购

根据配饰清单,设计师需要与软装配饰产品厂商核定产品的价格及库存,确定产品的供货周期,其中包括家具、灯具、布艺、挂画的下单制作和饰品、花艺的采买。同时,在家具采购合同中应加入"白茬"家具生产完成后需进行初步验收的字样,以确保家具在未上漆前对材质、工艺、细节、尺寸进行审核及验收等。

6．空间二次测量

为确保软装配饰产品的顺利安装及布置,设计师需再次对现场空间进行尺寸校验,以确保家具、布艺等尺寸的准确性。测量时应对室内空间高度、窗口台面高度、面板插座位置等细节处进行具体校验。

7．软装设计方案布置

由于软装产品较多,在软装产品进场前,需根据软装配饰清单认真复查,确认软装产品的数量、款式无误后,再与进场产品重新整合。设计师应根据家具、灯具、布艺、画品、饰品、花艺的顺序进行软装布置。

8．配饰售后服务

售后服务是软装饰品质量的一个有力保障,软装布置结束后,甲乙双方应根据配饰合同进行现场验收工作。乙方需与甲方清点现场配饰产品数量,双方确认后并签字。软装项目完成一年内,乙方需配合甲方进行项目的整体售后服务,包括软装产品维修、更换、回访跟踪等。

第二节　软装与陈设艺术设计的主题营造

一、软装陈设主题的重要性

在室内设计中需要确定室内设计的主题,然后根据主题风格展开软装陈设设计。软装陈设主题的设定,是为了更好地创造空间环境,通过主题元素的营造,达到室内空间情感、意境的表达。在商业空间中,餐饮空间的主题设计最为常见,如工业休闲主题餐厅设计,以色彩、地域特色为主题的餐厅设计等,如图5-2～图5-10所示。

⊕ 图5-2 南宁广西宴餐厅(一)

⊕ 图5-3 南宁广西宴餐厅(二)

⊕ 图5-4 北京荣记·95餐厅(一)

⊕ 图5-5 北京荣记·95餐厅(二)

⊕ 图5-6 杭州玉玲珑餐厅(一)

✪ 图 5-7　杭州玉玲珑餐厅（二）

✪ 图 5-8　杭州玉玲珑餐厅（三）

✪ 图 5-9　西安徐记海鲜万象天地店（一）

✪ 图 5-10　西安徐记海鲜万象天地店（二）

二、商业样板间的主题设计

在商业样板间中,主题设计是软装设计师必须考虑的。以四室两厅的四口之家居住空间为例,每个空间的主题定位可根据客户的兴趣爱好设定,如公共的客厅主题定位可根据夫妻双方共同的爱好设定;私密的主卧空间,以女主人的爱好为主;兼具工作及学习的书房空间,以男主人的职业和喜好为主;儿童房的主题根据孩子的兴趣进行设计。在样板间设计中,为了保障主题的连续性及完整性,要尽量将一个特定主题贯穿到整套方案设计中,以便引起使用者的思想共鸣,如图 5-11~图 5-16 所示。

✥ 图 5-11　绿地长沙武广样板间 B1 户型客厅(一)

✥ 图 5-12　绿地长沙武广样板间 B1 户型客厅(二)

⊕ 图 5-13　绿地长沙武广样板间 B1 户型主卧

⊕ 图 5-14　绿地长沙武广样板间 B1 户型女孩房

⊕ 图 5-15　绿地长沙武广样板间 B1 户型男孩房（一）

⊕ 图 5-16　绿地长沙武广样板间 B1 户型男孩房（二）

第三节　软装与陈设艺术设计方案的制作及汇报

　　软装设计方案的制作与汇报是设计师与客户沟通的桥梁,在满足客户要求的条件下,设计师应通过设计方案的表达,使客户对设计项目达到一定的认知与理解。在方案的制作过程中,第一部分是项目总体设计,要对项目名称、主题设计、主题定位、格调分析、风格定位及色彩设计等内容进行总体介绍;第二部分是对每个空间进行详细的设计方案介绍,包括每个空间中具体的家具、灯具、地毯、挂画、饰品、花艺等装饰元素的选择。在方案的制作过程中,整体方案的平面排版也至关重要,能充分体现设计师的艺术修养和设计能力。

现以北京华视网聚 VIP 接待室软装设计方案为例,进行方案制作的介绍。

一、总体设计

（1）封面：项目名称、项目风格概括,如图 5-17 所示。

华视网聚VIP接待室
软装设计方案
新中式风格

☉ 图 5-17　北京华视网聚 VIP 接待室软装设计方案首页

（2）项目简介,如图 5-18 所示。

主题：传统与现代的交融

传统文化与现代元素的碰撞,将华视网聚影视文化的特色与古典审美相结合,凸显其多元而深厚的文化品位。

本项目以传统文化为背景,结合现代设计,使两者相得益彰。在空间环境的创造上,强调回归自然,从自然的材质肌理中寻求大道自然、天人合一的文化境界。
在现代功能的设计上,将会客、休闲、办公、会议汇于一体,整个会客区——可观、可触、可用、可品、可尝,创造出多元化的空间体验。

华视网聚 VIP 接待室要打造出华视人立足全球华人影视文化传播的高度,突出华人传统文化与现代的融合要素。同时,也希望通过空间来打造一个新晋上市公司其包容而又华贵的一面。

☉ 图 5-18　北京华视网聚 VIP 接待室软装设计方案项目主题

（3）项目设计主题,如图 5-19 所示。

（4）项目设计分析,如图 5-20 所示。

（5）项目设计定位,如图 5-21 所示。

（6）项目的平面布置,如图 5-22 所示。

文化　　　　　　　　　静谧自然　　　　　　　　　　　低调奢华　　　　　　　　　　　典雅

✪ 图 5-19　北京华视网聚 VIP 接待室软装设计方案主题定位

✪ 图 5-20　北京华视网聚 VIP 接待室软装设计方案格调分析

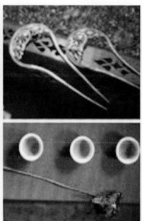

本项目定位为新中式风格。整体空间既庄重华贵，又注重自然气息的营造；既讲求文化内涵，又强调静谧休闲。时尚的金属
线条，配合精致典雅的真丝手绘壁纸；质感丰满的灰色石材配合历史悠久的石槽，将历史积淀下来的美带给空间中的每一个
器物。将古典的装饰之美与现代人生活的需求相结合，兼具华贵典雅并富有文化底蕴的特点。在设计上，将经典与文化的元
素结合起来，做到设计独特。追求设计出更华丽高品质的空间。

✪ 图 5-21　北京华视网聚 VIP 接待室软装设计方案风格定位

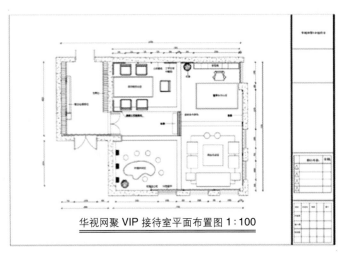

华视网聚 VIP 接待室平面布置图 1:100

空间组成:

(1) 走廊景观区

(2) 玄关过渡区

(3) 茶海休闲区

(4) 商业洽谈区

(5) 董事长办公区

(6) 多功能会议区

✦ 图 5-22 北京华视网聚 VIP 接待室软装设计方案平面布置图

二、软装方案设计

(1) 走廊景观区软装示意如图 5-23 所示。

(2) 走廊景观区效果示意如图 5-24 所示。

✦ 图 5-23 北京华视网聚 VIP 接待室软装设计方案走廊景观区软装示意

✦ 图 5-24 北京华视网聚 VIP 接待室软装设计方案走廊景观区效果示意

（3）入口玄关区软装示意如图 5-25 所示。

✪ 图 5-25　北京华视网聚 VIP 接待室软装设计方案入口玄关区软装示意

（4）入口玄关区效果示意如图 5-26 所示。

✪ 图 5-26　北京华视网聚 VIP 接待室软装设计方案入口玄关区效果示意

（5）茶海休闲区软装示意如图 5-27 所示。

✪ 图 5-27　北京华视网聚 VIP 接待室软装设计方案茶海休闲区软装示意

（6）茶海休闲区效果示意如图 5-28 所示。

⊕ 图 5-28　北京华视网聚 VIP 接待室软装设计方案茶海休闲区效果示意

（7）商业洽谈区软装示意方案之一如图 5-29 所示。

⊕ 图 5-29　北京华视网聚 VIP 接待室软装设计方案商业洽谈区软装示意方案之一

（8）商业洽谈区软装示意方案之二如图 5-30 所示。

⊕ 图 5-30　北京华视网聚 VIP 接待室软装设计方案商业洽谈区软装示意方案之二

（9）商业洽谈区效果示意如图 5-31 所示。

⊕ 图 5-31　北京华视网聚 VIP 接待室软装设计方案商业洽谈区效果示意

（10）董事长办公区软装方案设计如图 5-32 所示。

⊕ 图 5-32　北京华视网聚 VIP 接待室软装设计方案董事长办公区软装示意

（11）董事长办公区效果示意如图 5-33 所示。

（12）多功能会议区软装示意如图 5-34 所示。

（13）多功能会议区效果示意如图 5-35 所示。

（14）设计方案封底如图 5-36 所示。

🜚 图 5-33　北京华视网聚 VIP 接待室软装设计方案董事长办公区效果示意

🜚 图 5-34　北京华视网聚 VIP 接待室软装设计方案多功能会议区软装示意

🜚 图 5-35　北京华视网聚 VIP 接待室软装设计方案多功能会议区效果示意

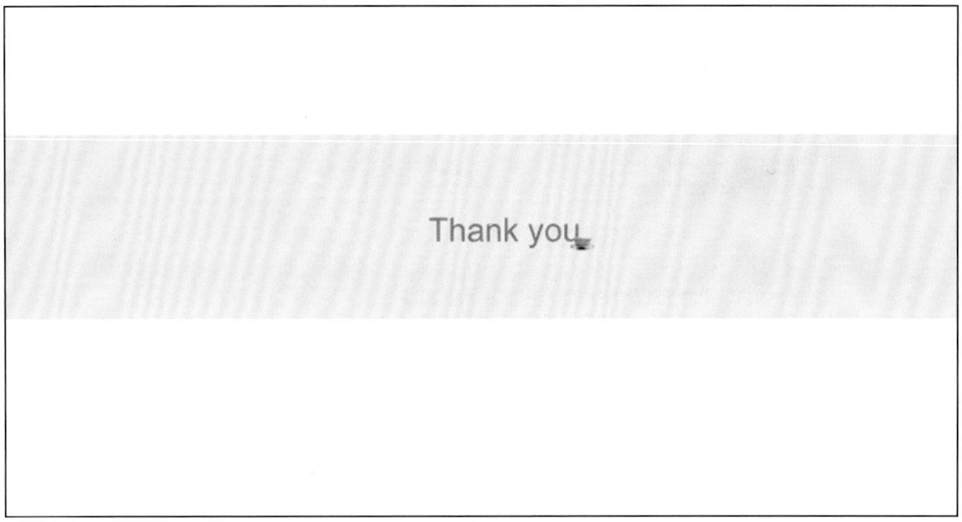

Thank you

✛ 图 5-36 北京华视网聚 VIP 接待室软装设计方案封底

第六章
案例赏析

案例一： 锦时·理想城

项目地址： 沈阳尚景·新世界

项目面积： 160 平方米

设计公司： 沈阳市山石空间装饰设计工程有限公司

设计师： 赵磊、栾兰

风格定位： 意式简约新亚洲风格

主色调定位： 大地色系＋灰色系

　　锦时·理想城是人们对美丽的长河、家的港湾的一种向往，用洒脱的表现形式、冗杂细腻的线条，构成了这个具有中西方融合、自由独立、摩登时尚的意式简约新亚洲风格。

　　客厅选用纯洁的白色背景墙搭配温暖的大地色系，构成了客厅空间的背景色调。稳重的深灰色三人沙发搭配深棕色的单人座椅，在灯光的照射下，凸显其独有的舒适质感。金色茶几与布艺形成质感对比，搭配浅灰色的大理石墙面，彰显了客厅的奢华。地毯与大幅的墙面装饰挂画，为时尚的客厅空间注入新的活力。

　　主卧墙面选用时尚的深棕色靠包与浅棕色的壁纸进行搭配，棕色靠包与马皮地毯进行搭配，都凸显出空间的奢华感。墙面的大幅装饰画采用柔和的天蓝色与棕色形成对比色，丰富了主卧空间的色彩层次，如图 6-1 ～图 6-8 所示。

⊕ 图 6-1　客厅沙发背景墙

⬆ 图6-2　客厅电视背景墙

⬆ 图6-3　餐厅空间效果

⊕ 图6-4　主卧空间效果

⊕ 图6-5　次卧空间效果

⊕ 图 6-6 主卫空间效果

⊕ 图 6-7 次卫空间效果

⊕ 图 6-8 衣帽间空间效果

案例二：晓青山会所软装设计

项目地址：河北固安

项目面积：900 平方米

设计公司：北京菲莫斯软装设计集团

设计师：王梓羲

风格定位：新中式禅意风格
主色调定位：原木色系

　　晓青山源自苏轼的《行香子·过七里濑》的最后一句——但远山长，云山乱，晓山青。借用山之形表达意境。本案例采用中式建筑的组合方式，采用均衡对称的原则。在室内陈设设计上，主要的空间布置在中轴上，次要的空间分列两厢，形成院进式。在空间选材上，以原木为主，保留本色，强调以自然为本的理念。

　　晓青山会所定位为新中式风格，不仅保留了原来中式元素的调性，而且融入了现代设计元素，使空间显得更具有东方禅味的意境。在空间陈设上，追求简洁、纯净、淡然的空间美感，为人们带来淡然清雅、宁静超凡的空间意境。运用现代的纱帐隔断、芦苇吊灯，保留历史的元素和文化底蕴，打造出现代、时尚的写意空间，如图6-9～图6-15所示。

✿ 图6-9　会所入口处一角

✿ 图6-10　会客交谈区（一）

✿ 图 6-11　会客交谈区（二）

✿ 图 6-12　会客交谈区特写（一）

✛ 图 6-13　会客交谈区特写（二）

✛ 图 6-14　研修区全景

⊕ 图 6-15 茗茶区

案例三:归隐
项目地址: 河北唐山
项目面积: 200 平方米
设计公司: 遵化锦楠装饰设计中心
设计师: 赵芳节
风格定位: 自然时尚的工业复古风格
主色调定位: 原木色系

这是一个可以和家人共度美好时光的地方,一个可以抛开一切烦恼并回归自我的温馨港湾,这也是一个让人感到放松、休闲并体会慢时光的空间。

本案例为自建别墅的一层设计,业主是一位事业成功的女士,本案例以工业复古风格为主,以此来表达对家的眷恋。硬装的基础设计以工业风为主,利用原有的"混凝土"界面,结合红砖、毛石、白色乳胶漆、原木色颗粒板等打造背景墙面。软装设计上,以现代经典的家具元素为主——雅各布森的蛋椅、威格纳三角贝壳椅、阿尼奥的泡泡椅、威格纳 Y 字椅,凸显主人时尚不凡的个人品位。局部以草绿色的棉麻窗帘和大红色、玫红色、天蓝色的纯棉靠包为点缀,让整个空间更具时尚活力,从而创造一种悠闲的生活方式,如图 6-16 ~图 6-24 所示。

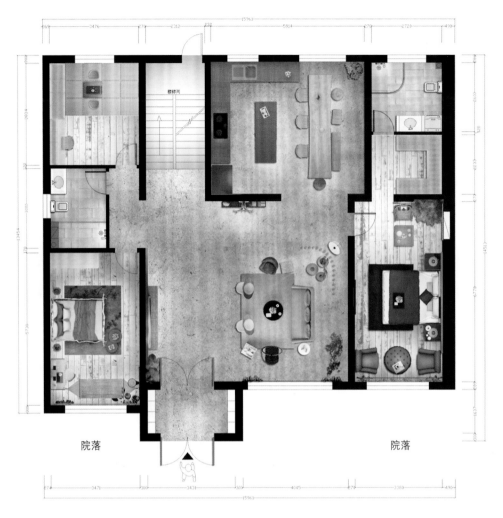

一层平面布置图

⊕ 图 6-16　一层彩色平面图

⊕ 图 6-17　客厅空间实景（一）

✪ 图6-18　客厅空间实景（二）

✪ 图6-19　客厅空间特写

✚ 图 6-20 客厅书架区

✚ 图 6-21 餐厅空间全景

✛ 图 6-22　餐厅空间实景

✛ 图 6-23　主卧空间一角

✿ 图 6-24　主卧空间全景

案例四：山城印象火锅店

项目地址：河北唐山

项目面积：700 平方米

设计公司：遵化锦楠装饰设计中心

设计师：赵芳节

风格定位：新中式风格

主色调定位：黑、白、灰色系＋碧绿色

　　本案例为一家传统的重庆火锅店，选用现代的设计语言将传统风格元素提炼并重新演绎。

　　火锅店的一层为待客休闲区，设计语言采用了对称的手法，圆形的透窗、褶皱的太湖石采用苏州园林的借景框景的手法给空间带来一丝灵动，白云的吊灯及植物绿墙为空间添加了自然气息。

　　火锅二层为散客大厅，散桌之间采用木质格扇和菱形花窗两种形式设计，隔而不断，在增加私密性的同时，保证了大厅设计的完整性和通透性。大幅的泼墨山水墙画呼应空间主题，营造出江南意境。

　　火锅店的三层为餐厅包间，楼梯间运用大幅泼墨作品和木方线条组成的"水木言"的艺术表现形式，给人视觉的延伸。走廊采用了大幅的书法，狂傲不羁；包间内精选了多幅名师的写意画作，完美诠释了整个空间的自然、洒脱。

　　本案例各处的效果如图 6-25 ～图 6-32 所示。

✦ 图 6-25　一层大厅等待区实景

✦ 图 6-26　一层太湖石特写

✟ 图 6-27　二层板凳区实景

✟ 图 6-28　二层卡座区实景

⊕ 图 6-29 墙画特写

⊕ 图 6-30 二层卫生间走廊

⊕ 图 6-31 三层包间（局部）

➕ 图 6-32　三层楼梯间的艺术表现形式

案例五：涟城·一念倾心
项目地址：南京市建邺区
项目面积：140 平方米
设计公司：传富饰家京陵软装设计与生活有限公司
设计师：张力
风格定位：现代简约风格
主色调定位：高级灰色调＋柠檬黄

梭罗在《瓦尔登湖》中说过："我愿意深深地扎入生活，吮尽生活的精髓，过得扎实、简单。"把一切不属于生活的内容剔除得干净利落，让生活变得十分简单。正如现代简约风格，回归朴素，崇尚自然又充满人生智慧。

本案例的客厅在色彩上选用了百搭的高级灰色系来演绎一种"低调的奢华"，令空间质感更为丰富。在呈现温馨大气的格调之余，橙黄色的引入，起到画龙点睛的作用，不仅让原本单调的空间增添了层次，而且显得时尚且有活力，可以令人们度过温柔、舒适的温情时光，如图 6-33 ～图 6-35 所示。

餐厅摆放的是木质桌椅，沉稳复古，搭配淡绿色墙面和木质地板，显得协调舒适。木材具有的自然纹理往往给人一种回归自然、返璞归真的感觉，在质感与美感的表现上独树一帜，如图 6-36 所示。

卧室可以表达的色彩包罗万象，既可以艳得惊人，又可以素得质朴。主卧的设计以舒适为原则，摒弃复杂陈设，用简约手法诠释了一个舒适的环境。卧室内沉稳舒适的纯木家具与自然纯朴的床品相结合。灰蓝色、草绿色的运用，为空间创造出另外一种格调，既不过于艳丽，又不矫揉造作，似乎安静地呈现着岁月的痕迹，如图 6-37 和图 6-38 所示。

柔和、轻盈、舒适弥漫整个次卧,就连照进来的光线都变得格外慵懒。灰色的背景墙、淡蓝色的床品,营造出静谧、沉稳的气质,又不失柔软与温暖。那一抹黄色让心清事明,保持难得的本真。艺术感十足的装饰壁画增添了些许空间的文艺气息,让这个原本平淡的空间变得更加值得考究,如图 6-39 所示。

⊕　图 6-33　客厅空间实景

⊕　图 6-34　客厅空间沙发背景墙实景

⊕ 图 6-35　客厅阳台一角实景

⊕ 图 6-36　餐厅空间实景

⊕ 图 6-37　主卧空间全景

图 6-38　主卧空间特写

图 6-39　次卧空间实景

书房作为一个家庭重要的学习场所,当然要更加用心设计和布局。在光影交汇的书房中,从技艺精良的饰品上窥见主人的高雅品位,也体现了主人对生活的享受和尊重,如图 6-40 所示。

⊕ 图 6-40　书房空间实景

案例六:丛林

项目地址: 五矿·宴山居

项目面积: 320 平方米

设计公司: 东易日盛家居装饰集团股份有限公司南京分公司

设计师: 赵兵

风格定位: 美式混搭

主色调定位: 纯白色＋浅米色＋淡蓝绿色

　　客厅以白色木作柜体搭配浅米色背景墙面,构成了优雅、大气的现代美式客厅。舒适宽大的黑色真皮沙发与棕色的条纹布艺沙发搭配,丰富了客厅的层次变化。米色的纯棉印花窗帘、竖向条纹沙发布艺、波点靠包与纯黑色的皮革靠包,形成客厅的一道风景,如图 6-41 和图 6-42 所示。

✚ 图 6-41　一层客厅空间（一）

✚ 图 6-42　一层客厅空间（二）

通透无遮挡的卡座设计，将餐厅与客厅有机地串联在一起。纯白色的实木餐边柜外挂淡淡的蓝绿色推拉门，精致而温馨。实木的餐桌搭配简洁的卡座，既节省空间，又丰富了餐厅家具样式。铁艺的吊灯、白蜡木烛台，都是美式风格的代表元素，显得十分舒适，如图 6-43 和图 6-44 所示。

⊕ 图 6-43　一层餐厅空间（一）

⊕ 图 6-44　一层餐厅空间（二）

一层厨房设计沿用了室内空间的整体色彩搭配,将宁静的淡蓝绿色用在顶棚墙面,使设计更具新意,如图 6-45 所示。

主卧的设计表现得更为素雅。浅灰色的墙面、米色窗帘具有百搭性,胡桃色的实木家具在背景墙的烘托下更显稳重,充分表现出现代美式空间的舒适、大气,如图 6-46 所示。

✪ 图 6-45　一层厨房空间

✪ 图 6-46　二层主卧空间

休闲茶室、影音室放在地下一层，一静一动，以茶会友、共享视听。高挑的茶室空间，用蓝绿色欧式护墙板将简洁的白色乳胶漆与灰色墙面砖有效地分开。茶室一侧的黑色实木装饰柜具有展示、收纳功能。舒适的影音区，爵士白天然大理石与黑色纯皮休闲沙发形成色彩及材质的对比；金黄色的休闲单椅的加入，让地下空间更显明亮，如图 6-47 ～图 6-49 所示。

✦ 图 6-47　休闲茶室与影音室

✦ 图 6-48　休闲茶室

⬆ 图 6-49 地下影音室

参 考 文 献

[1] 董玉库.西方家具集成：一部风格、品牌、设计的历史 [M].天津：百花文艺出版社，2012.

[2] 李江军,李红阳,等.软装设计的 500 个灵感色彩搭配与实战设计 [M].北京：机械工业出版社，2018.

[3] 黄仁达.中国颜色 [M].北京：东方出版社，2013.

[4] 沈毅.设计师谈家居色彩搭配 [M].北京：清华大学出版社，2013.

[5] 色咖工作室.家居色彩意向：150 个家的配色方案与灵感随想 [M].北京：化学工业出版社，2016.

[6] 凤凰空间华南编辑部.软装设计风格速查 [M].南京：江苏人民出版社，2013.

[7] 李江军.软装设计手册 [M].北京：中国电力出版社，2017.

[8] 简名敏.软装设计师手册 [M].南京：江苏人民出版社，2011.

[9] 邓玲.软装设计搭配布艺窗帘 [M].北京：中国林业出版社，2018.